弘教系列教材

仪器分析实验

陈宗保 刘林海 叶 青 洪利明 朱 峰 **编著**

復旦大學出版社

前言

仪器分析是基于物质的物理和物理化学性质建立起来的一种分析方法，在实验过程中需要使用比较特殊或复杂的仪器。随着科学技术与仪器设备的不断发展，仪器分析技术日益广泛地应用于许多领域内的科研，并为生产提供大量的物质组成和结构等方面的信息。因此，"仪器分析实验"课程成为高等院校化学相关专业的重要课程之一。"仪器分析实验"是一门实验技术性很强的课程，需要严格的动手操作技能训练。通过"仪器分析实验"教学，使学生正确掌握基础仪器分析的基本操作和基本技能，掌握各类分析的测定方法和测定原理，了解并熟悉一些大型分析仪器的使用方法，培养学生严谨的科学态度，提高他们的动手能力及对实验数据的正确分析能力，使其初步具备分析问题、解决问题的能力。

本书根据地方性师范院校仪器分析课程设置及现有设备的基础编写，以应用性、实践性、灵活性、前沿性为编写原则，符合地方性师范院校化学与应用化学专业的学生特点，充分体现化学与应用化学相关人才的培养特点及地方高校实验仪器的特点。本书注重学生创新能力的培养，每个章节都有启发性、研究性的实验，这对学生所学知识的应用具有重要意义。

本书分为 14 章，共有 25 个实验，包括基础实验、研究性实验等，每个实验包括实验目的、实验原理、仪器与试剂、实验步骤、数据处理、注意事项、思考与分析。教材内容既有较广的适用性，又注重体现新技术和新方法，培养和提高学生的创新精神和实践能力，使学生既能掌握经典的方法，又具备设计实验的能力。25个实验可以根据需要选用，标注“*”的实验为研究性实验。

本书由陈宗保、刘林海负责全书的策划、编排、审订及最后的统稿、复核工作。参加本书编写的是上饶师范学院分析教研室的全体教师。本书在编写过程中得到南昌大学、江西师范大学分析化学教研室同仁的支持，在此谨向他们致以诚挚的谢意！

本书可作为地方性师范院校化学、应用化学、食品、资源与环境、材料、生物学等专业的教材或教学参考书，也可供相关专业科技人员参考使用。

限于编者水平，书中的错误与不妥之处恳请批评指正。

陈宗保　刘林海

2017年9月

目录

第1章
绪　论

1.1　仪器分析的特点与分类

仪器分析是基于测量某些物质的物理性质或物理化学性质、参数及其变化来确定被测物质组成和含量的一类分析方法，一般情况下需要使用特殊的仪器，因此得名“仪器分析”。

仪器分析方法种类繁多，现已有几十种，新的测试仪器还在不断涌现。各种分析测试仪器都有各自的测定原理与使用方法。根据原理与信号特点，仪器分析方法可分为光学分析法、电分析法、分离分析法和其他仪器分析法。

1.1.1　光学分析法

依据电磁辐射为测量信号的分析方法称为光学分析法，可分为光谱法与非光谱法。

光谱法是依据物质对电磁辐射的吸收、发射或拉曼散射等作用建立的光学分析法，这类方法包括原子吸收光谱法、原子发射光谱法、原子荧光法、紫外-可见光谱法、红外光谱法、荧光光谱法、磷光法、化学发光法、电化学发光法、拉曼光谱法、核磁共振波谱法等。

非光谱法是依据电磁辐射作用物质之后，基于电磁辐射的反射、折射、衍射、干涉或偏振等光学性质的变化所建立的光学分析法，常见的有折射法、干涉法、浊度法、旋光法、X射线衍射法等。

1.1.2 电分析法

根据测定物质电化学性质及其变化进行分析的一类分析方法称为电分析法,主要有电导法、电位法、电解法、库仑法、极谱法和伏安法等。

1.1.3 分离分析法

分离分析法是指将分离与测定集于一体化仪器的分析方法,主要包括色谱分离法、毛细管电泳法。

色谱法是以物质在两相(流动相与固定相)中分配比的差异而进行分离和分析的方法,包括气相色谱法和液相色谱法。

毛细管电泳法是基于在充满缓冲溶液的毛细管内待测物质在高压电场的作用下,按淌度或分配系数的差别而实现高效、快速的分离分析的技术,主要分为毛细管电泳法与毛细管电色谱法。

1.1.4 其他仪器分析法

质谱法是根据物质带电荷粒子的质荷比进行定性、定量和结构分析的方法。质谱法主要包括原子质谱法、分子质谱法和生物质谱法,它是研究有机化合物结构的有力工具。

热分析法是依据物质的质量、体积、热导、反应热等性质与温度之间的动态关系进行分析的方法。

放射分析法是依据物质放射性辐射进行分析的方法,包括同位素稀释法、中子活化分析等。

1.2 定量分析方法评价

定量分析是仪器分析的主要任务之一。对于一种定量分析方法,一般用精密度、准确度、检出限、灵敏度、标准曲线的线性范围等指标进行评价。

1.2.1 标准曲线

1. 标准曲线及其线性范围

标准曲线是被测物质的浓度或含量与仪器响应信号的关系曲线。线性范围为标准曲线的直线部分所对应的被测物质的浓度(或含量)的范围。

2. 标准曲线的绘制

标准曲线依据标准系列的浓度(或含量)与其相应的响应信号测量值来绘制。通常用“一元线性回归”的数据统计方法来绘出 y 与 x 的关系式:

$$y = a + bx \tag{1-1}$$

上式中,b 为回归系数(即回归直线的斜率),a 为截距。

3. 相关系数 r

在分析化学中相关系数是用来表征被测物质浓度(或含量)x 与其响应信号值 y 之间线性关系好坏程度的一个统计参数。

$0<|r|<1$。$|r|$越接近 1,则 y 与 x 之间的线性关系就越好。

1.2.2 灵敏度

物质单位浓度或单位质量的变化引起响应信号值变化的程度称为方法的灵敏度,用 S 表示为

$$S = \frac{\mathrm{d}x}{\mathrm{d}c} \quad 或 \quad S = \frac{\mathrm{d}x}{\mathrm{d}m} \tag{1-2}$$

灵敏度 S 实际上就是标准曲线的斜率。S 值越大,方法的灵敏度越高。

1.2.3 精密度

使用同一方法在相同条件下对同一试样进行多次测定所得结果的一致程度称为精密度。精密度常用标准偏差(s)或相对标准偏差(s_r)表示:

$$S = \sqrt{\frac{\sum_{i=1}^{n}(x_i - \bar{x})^2}{n-1}} = \sqrt{\frac{\sum_{i=1}^{n} d_i^2}{n-1}} \tag{1-3}$$

$$s_r = \frac{s}{\bar{x}} \times 100\% \tag{1-4}$$

1.2.4 准确度

试样含量的测定值与真实值(或标准值)相符合的程度称为准确度。准确度常用相对误差量度,

$$E_r = \frac{x-\mu}{\mu} \times 100\% \tag{1-5}$$

1.2.5 检出限

某一方法在给定的置信水平上可以检出被测物质的最小浓度或最小质量，称为这种方法对这种物质的检出限。

检出限表明被测的最小浓度或最小质量的响应信号可以与空白信号相区别。对于光学分析法，可以与空白信号区别的最小信号 X_L 由下式确定：

$$X_L = \overline{X}_b - ks_b \tag{1-6}$$

能产生净响应信号为 $X_L - \overline{X}_b$ 的被测物质的浓度或质量就是方法对该物质的检出限，用 D 表示为

$$D = \frac{X_L - \overline{X}_b}{s} = \frac{3s_b}{s} \tag{1-7}$$

上式中，s_b 为空白信号的标准偏差，s 为灵敏度。

检出限是方法的灵敏度和精密度的综合指标，是评价仪器性能及分析方法的主要技术指标。其他类型分析方法的检出限可参照光学分析法的规定进行确定，有些方法也有自己特殊的规定。方法的灵敏度越高、精密度越好，检出限就越低。

评价一种分析方法还有其他指标，如选择性、分析效率、多组分同时或连续测定的能力、操作的难易程度、设备及维护费用的高低等，但国际纯粹与应用化学联合会(International Union of Pure and Applied Chemistry, IUPAC)建议将精密度、准确度和检出限 3 个指标共同作为分析方法的主要指标。

第2章 紫外-可见分光光度法

紫外-可见分光光度法(ultraviolet-visible spectrophotometry, UV-Vis)是基于物质分子与光子相互作用过程中所产生的吸收光谱来研究物质组成和结构的一种光学仪器分析方法。紫外-可见分光光度法仪器简单、灵敏度高、准确度好，是目前使用较为广泛的定量、定性与结构分析方法之一。

2.1 基本原理

2.1.1 光谱的产生

在物质分子中电子一直处于某种运动状态，具有一定的能量，因此，具有一定的能级。当能量光子与物质分子相互作用时，处于基态的电子吸收光子能量，从低能级态跃迁至高能级态。跃迁前后产生的能量差(ΔE)与光子波长(λ)或频率(ν)之间的关系满足普朗克公式，即

$$\Delta E = E_2 - E_1 = h\nu = hc/\lambda \tag{2-1}$$

紫外-可见吸收光谱是由于分子的价电子跃迁所致。每种电子能级的跃迁伴随着振动和转动能级的跃迁，从而使分子光谱呈现宽带吸收，有机化合物的吸收带主要有图2-1所示的4种跃迁方式，$n\to\pi^* < \pi\to\pi^* < n\to\sigma^* < \sigma\to\sigma^*$。无机化合物则是由电荷转移和配位场跃迁($d-d^*$、$f-f^*$跃迁)而产生。

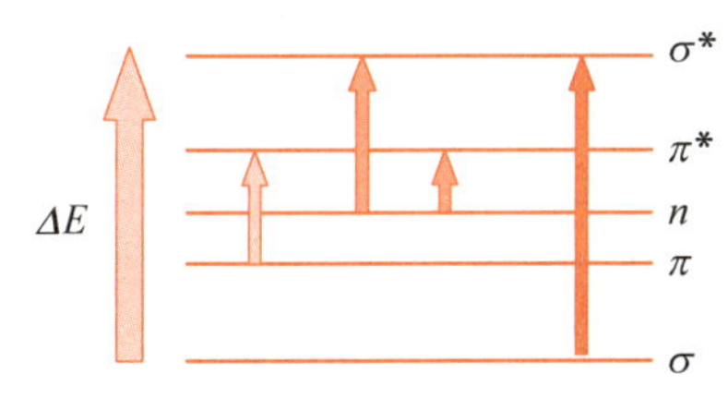

图2-1 有机化合物的4种跃迁方式

2.1.2 吸收定律

物质对光的吸收在一定实验条件下遵循朗伯-比尔定律。当一定波长的光通过某物质的溶液时，入射光强度 I_0 与透射光强度 I_t 之比的对数与该物质浓度及液层厚度成正比，其数学表达式为

$$A = \lg(I_0/I_t) = \varepsilon bc \tag{2-2}$$

上式中，A 为吸光度值；b 为液层厚度，单位为 cm；c 为物质浓度，单位为 mol/L；ε 为摩尔吸光系数。若被测物质浓度单位为 g/L 时，ε 就用 a 表示，a 称为吸光系数。此时，(2-2)式为

$$A = abc \tag{2-3}$$

朗伯-比尔定律是紫外-可见分光光度法定量分析的依据，在确定的实验条件下，吸光度值 A 与被测物浓度 c 成正比例。

2.2 仪器装置

紫外-可见分光光度计主要由光源、单色器、吸收池、检测系统及信号显示系统 5 个部分组成，如图 2-2 所示。

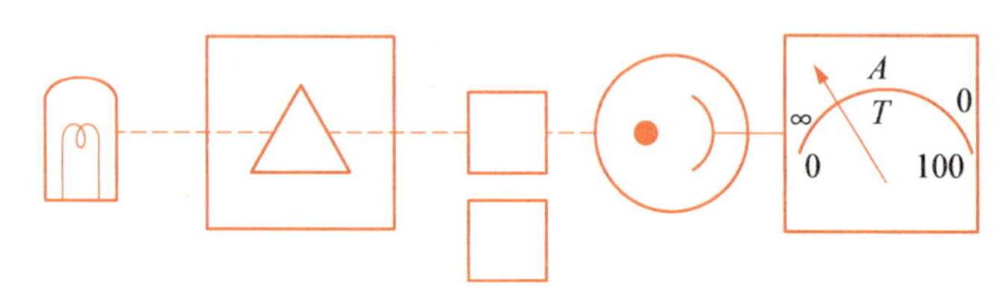

图 2-2 紫外-可见分光光度计示意图

2.2.1 光源

光源用于提供足够强度和稳定的连续光谱。分光光度计中常用的光源有热辐射光源和气体放电光源两类。热辐射光源用于可见光区，如钨灯和卤钨灯；气体放电光源用于紫外光区，如氢灯和氘灯。钨灯和碘钨灯可使用的范围在340～2 500 nm。氢灯和氘灯可在 180～375 nm 范围内产生连续光源。在紫外光区只能用石英比色皿。紫外-可见分光光度计通常都配有可见和紫外两种光源。

2.2.2　单色器

单色器是从连续光谱中获得所需单色光的装置。常用的单色器有棱镜和光栅，包括：

(1) 入射狭缝；

(2) 准直镜(透镜或凹面反射镜)，它使入射光束变为平行光束；

(3) 色散元件(棱镜或光栅)，它使不同波长的入射光色散开来；

(4) 聚焦透镜或聚焦凹面反射镜聚焦，它使不同波长的光聚焦在焦面的不同位置；

(5) 出射狭缝，将光源发出的连续光谱分解为单色光；

(6) 棱镜，不同波长的光通过棱镜时的折射率不同。

2.2.3　吸收池

吸收池是用于盛放溶液并提供一定吸光厚度的器皿。它由透明的光学玻璃或石英材料制成。玻璃吸收池只能用于可见光区，而石英吸收池在紫外和可见光区都可以使用。最常用的吸收池吸光厚度为 1 cm。

2.2.4　检测系统

检测器的作用是检测光信号，并把它转变成电讯号输出。其输出电讯号大小与透过光的强度成正比。分光光度计常用的检测器有光电管、光电倍增管、光二极管阵列检测器。

光电倍增管是检测弱光最常用的光电元件，它的灵敏度是普通光电管的200多倍，因此，光电倍增管是目前使用最广泛的检测器装置。

光二极管阵列是在硅片上集成微型光二极管，可同时对 190～900 nm 波长范围进行检测，光二极管的响应很快，能在很短时间内给出整个光谱的全部信息，因而在多组分同时分析检测中得到广泛应用。

2.2.5　信号显示系统

信号显示系统的作用是检测光电流强度的大小，并以一定方式显示或记录下来。现代常采用检流计、微安表、电位计、数字电压表、记录仪、示波器、数据处理台等信号显示系统。

2.3 实验部分

实验1 邻二氮菲分光光度法测定微量铁

一、实验目的

(1) 掌握邻二氮菲分光光度法测定微量铁的原理和方法。

(2) 熟悉绘制吸收曲线的方法,正确选择测定波长。

(3) 学会制作标准曲线的方法。

(4) 通过邻二氮菲分光光度法测定微量铁,掌握721型分光光度计的正确使用方法,并了解此仪器的主要构造。

二、实验原理

邻二氮菲(1,10-二氮杂菲)也称邻菲罗啉,是测定微量铁很好的显色剂。在pH值2～9范围内(一般控制在5～6),Fe^{2+}与试剂生成稳定的橙红色配合物$Fe(Phen)_3^{2+}$的$\lg K = 21.3$,在510 nm下其摩尔吸光系数为1.110 4 L/moL · cm。Fe^{3+}与邻二氮菲作用生成蓝色配合物,稳定性较差,因此,在实际应用中常加入还原剂盐酸羟胺使Fe^{3+}还原为Fe^{2+}:

$$2\,Fe^{3+} + 2NH_2OH \cdot HCl = 2\,Fe^{2+} + N_2 + 4H^+ + 2H_2O + 2Cl^-$$

本方法的选择性很高。相当于含铁量40倍的Sn、Al、Ca、Mg、Zn、Si,20倍的Cr、Mn、V、P和5倍的Co、Ni、Cu不干扰测定。

三、仪器与试剂

1. 仪器

(1) 721型分光光度计。

(2) 容量瓶:50 mL 8个,100 mL 1个,500 mL 1个。

(3) 移液管:2 mL 1支,10 mL 1支。

(4) 吸量管:10 mL、5 mL、1 mL各1支。

2. 试剂

(1) 100 μg/mL的铁标准储备溶液:准确称取0.431 7 g的铁盐$NH_4Fe(SO_4)_2$ ·

$12H_2O$ 置于烧杯中，加入 6 mol/L 的 HCl 2 mL 和少量水，转入 500 mL 容量瓶中，然后加水稀释至刻度，摇匀。

(2) 10 μg/mL 的铁标准使用溶液：用移液管移取上述铁标准储备溶液 10 mL，置于 100 mL 容量瓶中，加入 6 mol/L 的 HCl 2 mL 和少量水，然后加水稀释至刻度，摇匀。

(3) 6 mol/L 的 HCl：100 mL。

(4) 10%的盐酸羟胺溶液(新鲜配制)：100 mL。

(5) 0.1%的邻二氮菲溶液(新鲜配制)：200 mL。

(6) HAc - NaAc 缓冲溶液(pH=5)500 mL(实际 400 mL)：称取 136 g 的 NaAc，加水使之溶解，再加入 120 mL 冰醋酸，加水稀释至 500 mL 进行水样配制(0.4 μg/mL)；取 100 μg/mL 的铁标准储备溶液 2 mL，加水稀释至 500 mL。

四、实验步骤

1. 显色标准溶液的配制

准确吸取 10 μg/mL 的铁标准使用溶液 0 mL、2.0 mL、4.0 mL、6.0 mL、8.0 mL 分别放入 50 mL 容量瓶中，加入 10%的盐酸羟胺溶液 1 mL、0.1%邻二氮菲溶液2.0 mL和 HAc - NaAc 缓冲溶液 5.0 mL，加水稀释至刻度，摇匀，放置 5 分钟。

2. 绘制吸收曲线

用 1 cm 比色皿，以试剂溶液为参比液，在 721 型分光光度计中 440～560 nm波长范围内分别测定其吸光度 *A* 值。当临近最大吸收波长附近时，间隔波长 5～10 nm 测出 *A* 值，其他各处可间隔波长 20～40 nm 测定 *A* 值。以波长为横坐标，所测 *A* 值为纵坐标，绘制吸收曲线，并找出最大吸收峰的波长。

3. 显色剂用量的选择

在 5 支 50 mL 容量瓶中，各加入 10 μg/mL 的铁标准使用溶液 4.0 mL 和 10%的盐酸羟胺溶液 1.0 mL，摇匀后放置 2 分钟。分别加入 0.1%的邻二氮菲溶液 0.2 mL、0.5 mL、1.0 mL、2.0 mL、4.0 mL 和 HAc - NaAc 缓冲溶液 5.0 mL，加水稀释至刻度，摇匀。以水为参比，在选定波长下测定各溶液的吸光度，绘制吸光度与显色剂用量曲线，从而确定显色剂的用量。

4. 标准曲线的绘制

用吸量管分别移取 10 μg/mL 的铁标准使用溶液 0 mL、1.0 mL、2.0 mL、4.0 mL、6.0 mL、8.0 mL、10.0 mL 依次放入 7 个 50 mL 容量瓶中，分别加入 10%的盐酸羟胺溶液 1.0 mL，稍摇动。再加入 0.1%的邻二氮菲溶液 2.0 mL

及 HAc－NaAc 缓冲溶液 5.0 mL，加水稀释至刻度，摇匀，放置 5 分钟。用 3 cm 比色皿，以不加铁标准溶液的试液为参比液，选择最大测定波长为测定波长，依次测 A 值。以铁的质量浓度为横坐标，A 值为纵坐标，绘制标准曲线。

5. 样品分析

分别加入 5.0 mL(或 10.0 mL，铁含量以在标准曲线范围内为宜)未知试样溶液，按实验步骤 3 中的最佳方法显色后，在最大测定波长处，用 3 cm 比色皿，以不加铁标准溶液的试液为参比液，平行测 A 值，并求其平均值。利用标准曲线计算样品中铁的质量浓度。

五、数据处理

(1) 记录化合物的吸收光谱条件，确定最大吸收波长。

(2) 根据记录的数据，利用 EXCEL 软件绘制曲线，计算相关系数。

六、思考与分析

(1) 邻二氮菲分光光度法测定微量铁时，为什么要加入盐酸羟胺溶液?

(2) 吸收曲线与标准曲线有何区别? 在实际应用中有何意义?

(3) 在绘制标准曲线和测定试样时，为什么要以空白溶液为参比?

实验 2　有机化合物的紫外吸收光谱和溶剂效应

一、实验目的

(1) 学习有机化合物的结构与其紫外光谱之间的关系。

(2) 了解不同极性对有机化合物紫外吸收带位置、性状及强度的影响。

(3) 学习紫外-可见分光光度计的使用方法。

二、实验原理

影响有机化合物紫外吸收光谱的因素有内因和外因两个方面。内因是指有机物的结构，主要是共轭体系的电子结构。在紫外光谱中，含有 π 键的不饱和基团(生色团)形成 $\pi-\pi^*$ 共轭体系，或者是含有杂原子的饱和基团(助色团)和生色团相连形成 $n-\pi^*$ 共轭体系，能使生色团的吸收带向长波方向移动，且吸收强度增大。

影响紫外吸收光谱的外因是指测定条件，如溶剂效应等。所谓溶剂效应，是指溶剂极性和酸碱性的影响，使溶质吸收峰的波长、强度及形状发生不同程度的变化。溶剂的极性增加，会使有机化合物 $\pi\rightarrow\pi^*$ 跃迁产生的吸收带红移、$n\rightarrow\pi^*$ 跃迁产生的吸收带蓝移。

三、仪器和试剂

1. 仪器

UV－1201 紫外-可见分光光度计(北京瑞利仪器分析公司)，1 cm 石英吸收池 2 只。

2. 试剂

苯，氯仿，乙醇，正己烷，丁酮，异亚丙基丙酮。

四、实验步骤

(1) 打开紫外-可见分光光度计的电源开关，仪器自检 4 min，再预热 15～30 min。

(2) 苯的吸收光谱的绘制。

在 1 cm 石英吸收池中，加入两滴苯后，加盖，以空白为参比，在 200～360 nm范围内进行波长扫描，绘制吸收光谱。确定峰值波长。

(3) 乙醇中杂质苯的检查。

在 1 cm 石英吸收池中，以乙醇为参比溶液，在 230～280 nm 波长范围内绘制乙醇试样的吸收光谱，并确定是否存在苯的 B 吸收带。

(4) 溶剂性质对紫外光谱的影响。

在 3 支 5 mL 带塞比色管中，各加入 0.2 mL 丁酮，分别用去离子水、乙醇、氯仿稀释到相应刻度，摇匀。在 1 cm 石英吸收池中，以各自溶剂为参比，在 200～360 nm 波长范围内绘制各溶液的吸收光谱。比较它们的最大吸收波长的变化，并加以解释。

在 3 支 10 mL 带塞比色管中，各加入 0.2 mL 异亚丙基丙酮，分别用去离子水、氯仿、正己烷稀释到相应刻度。在 1 cm 石英吸收池中，以各自溶剂为参比，在 200～360 nm 波长范围内绘制各溶液的吸收光谱。比较它们的最大吸收波长的变化，并加以解释。

(5) 打印谱图，清洗比色皿，并关闭紫外-可见分光光度计。

五、数据处理

比较在不同种类的溶剂中丁酮的紫外吸收光谱变化情况，讨论不同有机溶剂对化合物紫外吸收光谱的影响。

六、思考与分析

(1) 分子中哪类电子跃迁会产生紫外吸收光谱？

(2) 为什么极性溶剂有助于 $n \to \pi^*$ 跃迁向短波方向移动？而 $\pi \to \pi^*$ 跃迁产生的吸收带红移？

*实验3　亮绿SF-过氧化氢体系催化动力学光度法测定茶叶中痕量钒

一、实验目的

(1) 学习催化光度法测定痕量物质的方法。

(2) 了解亮绿SF-过氧化氢体系的建立。

(3) 学习紫外-可见分光光度计的使用方法。

二、实验原理

过氧化氢能氧化亮绿SF褪色，而痕量 $V(v)$ 的加入能明显加速过氧化氢氧化亮绿SF的褪色反应，且氧化褪色反应与所加入的 $V(v)$ 量在一定的范围内成正比。

三、仪器与试剂

1. 仪器

UV-1201紫外-可见分光光度计(北京瑞利仪器分析公司)，TG328A电光分析天平(上海第二天平仪器厂)，JX-501型超级恒温器(上海实验仪器厂)。

2. 试剂

(1) 钒标准储备溶液：称取0.114 9 g钒酸铵(NH_4VO_3)溶于50 mL热水中，移入1 L容量瓶，定容，用水稀释至刻度，此溶液 $C(v)=50$ mg/L。

(2) 钒标准使用溶液：由上述钒标准储备溶液逐级稀释为 $C(v)=0.1$ μg/L

的标准溶液。

(3) 其他试剂：亮绿 SF 溶液(1×10^{-3} mol/L)，H_2SO_4(0.01 mol/L)，H_2O_2(市售)，十六烷基三甲基，溴化铵(CTMAB)溶液(1×10^{-3} mol/L)。

所用试剂均为分析纯或优级纯，实验用水为二次蒸馏水。

四、实验步骤

(1) 打开紫外-可见分光光度计的电源开关，仪器自检 4 min，再预热 15～30 min。

(2) 在 25 mL 带塞比色管中，依次加入 0.01 mol/L 的 H_2SO_4 4.5 mL、亮绿 SF 溶液 3.0 mL、适量的钒标准使用溶液、H_2O_2 1.5 mL、CTMAB 溶液0.5 mL，用水稀释至刻度，摇匀。同时，做试剂空白。置于 90℃ 的恒温水浴中，保温 20 min，取出，立即用流水冷却至室温。

(3) 在紫外-可见分光光度计上，用 1 cm 比色皿，以水为参比，在波长 635 nm处，分别测定催化反应体系的吸光度 A 和试剂空白的吸光度 A_0，并计算 ΔA 值(即 A_0-A)。

(4) 工作曲线绘制：在选定的实验条件下，钒的含量在 0～40 ng/mL 范围内，测定 ΔA 与钒的含量线性关系。

(5) 样品分析：将茶叶洗净、烘干，称取 1.0～2.0 g(精确至 0.000 1 g)试样置于瓷坩埚中，在电炉上炭化后，在马弗炉中于 700℃ 灰化。冷却后，加入 5 mL 水和数滴 1 mol/L 的 HCl，再加数滴 H_2O_2，加热至沸。冷却后，用萃取方法萃取分离钒，移入 100 mL 容量瓶中，用水稀释至刻度。分别移取茶样配制而成的溶液 3.0 mL，按实验步骤操作，测定并记录实验数据。

五、数据处理

(1) 根据测定波长，确定最大吸收波长。

(2) 根据测定数据绘制标准曲线，计算相关系数。

(3) 求出茶叶中钒的含量。

六、思考与分析

(1) 有哪些影响催化体系的条件？

(2) 请查阅相关文献，列举常见的催化体系。

第3章 分子荧光光谱法

分子荧光分析法是指某些物质受到一定波长的光照射时，分子中的电子吸收能量，从基态跃迁至激发态，随后又回到基态，回到基态的过程伴随光辐射现象，这就是分子荧光。

荧光分析法具有较高的灵敏度，检测下限可达到 0.1～0.001 μg/mL，而以激光为激发光源的激光诱导荧光，是目前最灵敏的分析技术之一，可用于单个分子的检测。荧光分析法发展迅速，应用日益拓宽，尤其是在生物试样分析及生命科学研究方面(DNA 分析、细胞分析)展现出广阔的前景。

3.1 基本原理

3.1.1 分子荧光的产生

图 3－1 表明处于各激发态不同振动能级上的分子，通过无辐射跃迁，释放一部分能量跃回到第一激发态的最低振动能级，再以辐射跃迁形式回到基态的各振动能级而产生分子荧光。

3.1.2 荧光效率及其影响因素

1. 荧光效率

荧光效率定义为发荧光的分子数目与激发态分子数的比值，即

$$\text{荧光效率}(\varphi_f) = \frac{\text{发荧光分析数}}{\text{激发态分子数}} \tag{3-1}$$

若以各种跃迁的速率常数来表示，则有

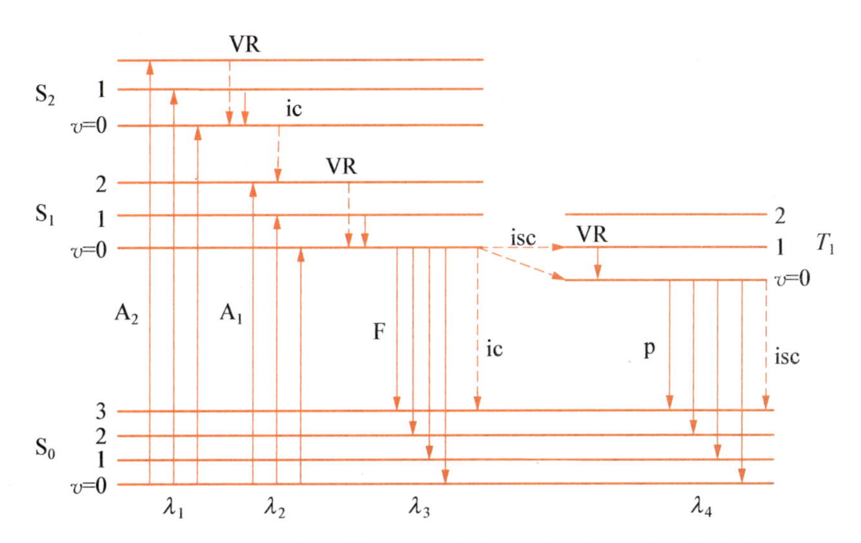

A_1，A_2 -吸收；F -荧火；P -磷光；ic -内转化；isc -体系窜跃；VR -振动弛豫

图 3 - 1　分子内的光物理过程

$$\psi_f = \frac{K_f}{K_f + \sum K_i} \tag{3-2}$$

上式中 K_f 为荧光发射过程中的速率常数，$\sum K_i$ 非辐射跃迁的速率常数之和。

2. 荧光与分子结构的关系

①必须含有共轭双键这样的强吸收基团，并且体系越大，电子的离域性越强，越容易被激发产生荧光。大部分荧光物质都含有一个以上的芳香环，且随共轭芳环的增大，荧光效率越高，荧光波长越长。②分子的刚性平面结构有利于荧光的产生。③取代基对荧光物质的荧光特征和强度有影响。

例如，给电子基团—OH 、—NH_2 、—NR_2 和—OR 等可使共轭体系增大，导致荧光增强。吸电子基团—COOH 、—NO 和—NO_2 等使荧光减弱。随着卤素取代基中卤原子系数的增加，使系间窜跃加强，物质的荧光减弱而磷光增强。

3. 环境因素对荧光的影响

(1) 溶剂极性对荧光强度的影响。一般来说，电子激发态比基态具有更大的极性。溶剂的极性增强，对激发态会产生更大的稳定作用，结果使物质的荧光波长红移、荧光强度增大。奎宁在苯、乙醇和水中荧光效率的相对大小分别为 1、30 和 1 000。

(2) 温度对荧光强度的影响。一般情况下,辐射跃迁的速率基本不随温度而改变,而非辐射跃迁的速率随温度升高而显著增大。因此,对大多数荧光物质而言,升高温度会使非辐射跃迁概率增大、荧光效率降低。由于三重态的寿命比单重激发态寿命更长,温度对于磷光的影响比荧光更大。

(3) 溶液的 pH 值影响。共轭酸碱两种体型具有不同的电子氛围,往往表现为具有不同荧光性质的两种体型,各具自己特殊的荧光效率和荧光波长。

(4) 溶液中表面活性剂的存在,可以使荧光物质处于更有序的胶束微环境中,对处于激发单重态的荧光物质分子起保护作用,减小非辐射跃迁的概率,提高荧光效率。

3.1.3 荧光强度与溶液浓度的关系

根据荧光效率的定义,荧光强度 I_f 应为所吸收的辐射强度 I_a 与荧光效率 φ_f 的乘积:

$$I_f = \varphi_f I_a = \varphi_f (I_0 - I) \tag{3-3}$$

$$A = \lg \frac{I_0}{I},\ I = I_0 10^{-A} \tag{3-4}$$

可得

$$I_f = \varphi_f I_0 (I - 10^{-A})$$

$$I_f = \varphi_f I_0 \left[2.3A - \frac{(-2.3A)^2}{2!} - \frac{(-2.3A)^3}{3!} - \cdots \right] \tag{3-5}$$

如果溶液很稀,吸光度 $A<0.05$,上式方括号中其他各项与第一项相比均可忽略不计,则上式可简化为

$$I_f = 2.3\varphi_f I_0 A = 2.3\varphi_f I_0 \kappa bc \tag{3-6}$$

可见当 $A<0.05$ 时,荧光强度与物质的荧光效率、激发光强度、物质的摩尔吸收系数和溶液的浓度成正比。对于一给定物质,当激发光波长和强度一定时,荧光强度只与溶液的浓度有关,即

$$I_f = Kc(\text{定量分析依据}) \tag{3-7}$$

3.2 仪器装置

荧光分析仪由光源、单色器、试样池、检测器和记录系统 5 个部分组成,可参

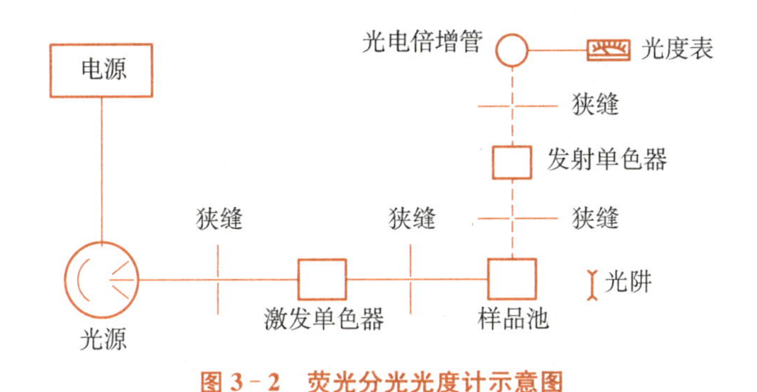

图 3-2 荧光分光光度计示意图

见图 3-2。

3.2.1 光源

激发光源一般要求比吸收测量中的光源有更大的发射强度,适用波长范围宽。荧光计中常使用卤钨灯作光源。荧光分光光度计中常用高压汞灯和氙弧灯。

3.2.2 单色器

荧光计用滤光片作单色器,只能用于定量分析,不能获得光谱。

大多数荧光光度计一般采用两个光栅单色器,有较高的分辨率,能够扫描图谱,既可获得激发光谱,又可获得荧光光谱。第一单色器的作用是分离出所需要的激发光,选择最佳激发波长 λ_{ex},用此激发光激发试样池内的荧光物质。第二单色器的作用是滤掉一些杂散光和杂质所发射的干扰光,用来选择测定用的荧光波长 λ_{em}。在选定的 λ_{em} 下测定荧光强度并作定量分析。

3.2.3 样品池

盛放测定溶液,通常用石英材料的方形池,四面都透光,只能用手拿住棱或最上边。

3.2.4 检测器

把光信号转化成电信号,并放大、直接转成荧光强度。荧光强度一般较弱,要求检测器有较高的灵敏度。荧光光度计采用光电倍增管。

荧光分析法比吸收光度法具有高得多的灵敏度,是因为荧光强度与激发光强度成正比,提高激发光强度,可大大提高荧光强度。

3.2.5 记录系统

通过记录仪记录或打印机打印出结果，扫描激发光谱和发射光谱。

3.3 实验部分

实验4 荧光法测定奎宁含量

一、实验目的

（1）进一步理解荧光分析法的原理。

（2）学习和掌握荧光光度分析方法。

（3）了解荧光分光光度计的结构及使用方法。

二、实验原理

奎宁在稀酸溶液中是强荧光物质，它有 250 nm 和 350 nm 两个激发波长，发射波长 450 nm。基于上述性质建立奎宁的荧光分析法，选择合适的激发波长、荧光波长和实验条件，即可进行定量测定。

三、仪器与试剂

1. 仪器

F－7000 荧光分光光度计（日立高新技术公司）（日立），移液管，容量瓶，棕色试剂瓶。

2. 试剂

奎宁（生化试剂），冰醋酸（AR），盐酸（AR），氢氧化钠，稀硫酸（0.05 mol/L）。

四、实验步骤

1. 试剂溶液的配制

系列标准溶液的配制：取 6 个 50 mL 容量瓶，分别加入 1.0 μg/mL 的奎宁标准溶液 0 mL、0.2 mL、0.5 mL、1.0 mL、5.0 mL、10.0 mL，用 0.05 mol/L 的硫酸溶液稀释至刻度，摇匀。

2. 绘制激发光谱和荧光发射光谱

在200～400 nm波长范围内对激发波长进行扫描，记录激发光谱曲线，在400～600 nm波长范围内对荧光波长扫描，记录荧光光谱曲线。

3. 绘制标准曲线

将激发波长固定在350 nm（或250 nm），荧光发射波长固定在450 nm，测量系列标准溶液的荧光强度。

4. 试样的测定

取4～5片奎宁药片，在研钵中研细，准确称取约0.1 g，用0.05 mol/L的硫酸溶解，全部转移至1 000 mL容量瓶中，以0.05 mol/L的硫酸稀释至刻度，摇匀。取溶液5.0 mL置于50 mL容量瓶中，以0.05 mol/L的硫酸稀释至刻度，摇匀。在标准系列溶液相同条件下，测量试样溶液的荧光发射强度。

5. 绘制 $I_f - c$ 曲线，计算奎宁含量

绘制荧光强度 I_f 对奎宁溶液浓度 c 的标准曲线，并由标准曲线计算未知试样的浓度，计算药片中奎宁的含量。

五、注意事项

奎宁溶液必须当天配制，避光保存。

六、思考与分析

(1) 能否用0.05 mol/L盐酸代替0.05 mol/L硫酸稀释溶液？为什么？

(2) 如何绘制激发光谱和荧光发射光谱？

(3) 哪些因素可能会对奎宁荧光产生影响？

*实验5 基于双重增敏剂荧光法测定食品包装材料中痕量双酚A

一、实验目的

(1) 进一步理解荧光分析法的原理。

(2) 学习和掌握荧光光度分析方法。

（3）了解增敏剂的作用。

二、实验原理

基于β-环糊精和曲通X-100为双重增敏作用，能使体系的荧光强度大大增强，建立荧光光谱法测定食品的包装材料中痕量双酚A的分析方法。

三、仪器与试剂

1. 仪器

F-7000荧光光度计（日本高新技术公司），PP-15型酸度计（塞多利斯斯科学仪器北京有限公司），ES系列电子天平（赛多利斯斯科学仪器北京有限公司），HK-100B型超声清洗机（无锡超声电子设备厂）。

2. 试剂

双酚A（BPA）、β-环糊精、曲通X-100均购于奥德里奇试剂公司；无水乙醇、盐酸、磷酸氢二钠均为市售国产分析纯试剂；实验用水均为二次蒸馏水。

四、实验步骤

1. 试剂溶液的配制

准确配制100 μg/L的双酚A标准溶液1.0 mL，置于10 mL容量瓶中。5 mmol/L的β-环糊精溶液、pH=4的HCl-NaH_2PO_4缓冲溶液（0.1 mol/L）分别都用水定容，摇匀。不同浓度双酚A标准溶液均以标准储备液稀释。

2. 绘制激发光谱和荧光发射光谱

分别吸取100 μg/L的双酚A标准溶液、含有单一增敏剂（β-环糊精）的100 μg/L的双酚A标准溶液、双重增敏剂（β-环糊精、曲通-100）的100 μg/L的双酚A标准溶液，置于微量比色皿中，用荧光光度计扫描荧光发射光谱。以激发波长为283 nm、发射波长为313 nm的体系测定其荧光强度（扫描范围为300～400 nm）。波长测量精度为1 nm，激发与发射狭缝宽度均为5 nm。

3. 绘制标准曲线

在5 mmol/L的β-环糊精与曲通X-100的0.005%含量的条件下，以双酚A的浓度在20～500 μg/L范围内，绘制标准曲线。

4. 干扰实验

在5 mmol/L的β-环糊精与曲通X-100的0.005%含量的条件下，对100 μg/L的双酚A溶液进行干扰离子影响实验。实验考察1 000倍苯酚、三氯苯酚、硝基苯等有机物质。

5. 试样双酚 A 的测定

取喝完后的鲜奶奶盒(内有一层塑料膜),洗净,向其中加入一定量的二次蒸馏水。在 70℃烘箱中加热 2 h 后取出并冷却至室温,放置 24 h 后,取浸出物定容。按实验方法进行测定,计算得到样品中双酚 A 的含量。

五、注意事项

(1) 注意荧光法测定体系的选择,并注意各反应条件。

(2) 注意样品处理方法。

六、思考与分析

(1) 思考并解释增敏剂的原理与方法。

(2) 如何绘制激发光谱和荧光发射光谱?

(3) 哪些因素可能会对双酚 A 荧光产生影响?

第4章 原子吸收光谱法

原子吸收光谱法(atomic absorption spectroscopy, AAS)也称原子吸收分光光度法,是根据物质的气态基态原子对相对应原子的特征辐射的吸收作用来进行元素定量分析,是测定微量或痕量元素灵敏而可靠的分析方法。使用原子吸收光谱法,现在能够直接测定70多种元素。它已成为一种常规的分析测试手段,得到广泛的应用。

其优点是选择性强,共存元素不对被测元素分析产生干扰;分析灵敏度高,火焰原子吸收法的灵敏度可以达到ppm到ppb级。其不足之处是多元素同时测定尚存在困难,测定不同元素必须更换光源灯;原子吸收光谱法测定难熔元素的灵敏度还不能令人满意。

4.1 基本原理

4.1.1 朗伯-比尔定律

在光源发射线的半宽度小于吸收线的半宽度(即锐线光源)的条件下,光源的发射线通过一定厚度的原子蒸气并被基态原子所吸收,吸光度与原子蒸气中待测元素的基态原子数之间的关系遵循朗伯-比尔定律:

$$A = \lg I_0/I = kN_0L \tag{4-1}$$

上式中 I_0 和 I 分别表示入射光和透射光的强度;N_0 为单位体积基态原子数;L 为光程长度;k 为与实验条件有关的常数。

4.1.2　原子吸收光谱定量基本公式

上述表示吸光度与蒸气中基态原子数呈线性关系。由于原子化器的温度约为 3 000 K,待测元素在原子蒸气中的基态原子数与激发态原子数相比,基态原子数占绝对优势,因此,可忽略激发态原子,用 N_0 代表吸收层中的原子总数。当试液的原子化效率一定时,与试液中待测元素的浓度成正比,即

$$N_0 = aC \tag{4-2}$$

上式中 a 为比例常数,在一定范围和一定吸收层厚度条件下,将(4-1)式和(4-2)式合并,可得

$$A = KC \tag{4-3}$$

上式中 K 在一定实验条件下是常数,即吸光度与试样中待测元素的浓度成正比。(4-3)式就是原子吸收光谱法定量的基本公式。

4.2　仪器装置

原子吸收光谱仪又称原子吸收分光光度计,由光源、原子化系统、单色器和检测器等 4 部分组成,如图 4-1 所示。

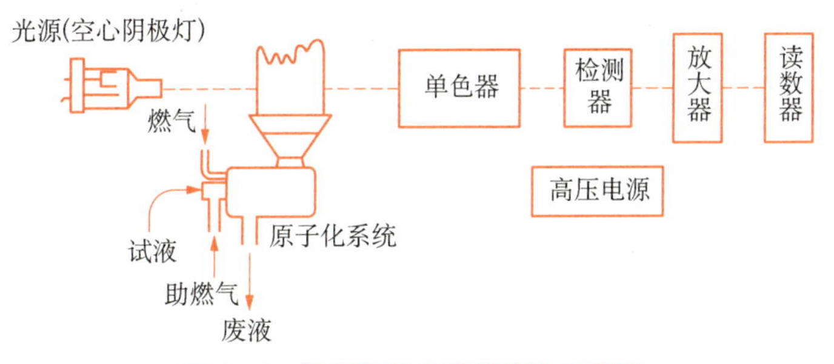

图 4-1　原子吸收光谱仪结构示意图

4.2.1　光源

光源的作用是发射被测元素的特征共振辐射。对光源的基本要求如下:发射的共振辐射的半宽度要明显小于吸收线的半宽度,辐射的强度大,辐射光强稳定,使用寿命长等。空心阴极灯是符合上述要求的理想光源,应用最广。

空心阴极灯是由玻璃管制成的封闭有低压气体的放电管，主要是由一个阳极和一个空心阴极组成。阴极为空心圆柱形，由待测元素的高纯金属和合金直接制成，贵重金属以其箔衬在阴极内壁。阳极为钨棒，上面装有钛丝或钽片作为吸气剂。

当两极间加上 300～500 V 电压后，管内气体中存在着的极少量阳离子向阴极运动，并轰击阴极表面，使阴极表面的电子获得外加能量而逸出。逸出的电子在电场作用下，向阳极作加速运动，在运动过程中与充气原子发生非弹性碰撞，产生能量交换，使惰性气体原子电离产生二次电子和正离子。在电场作用下，这些质量较重、速度较快的正离子向阴极运动并轰击阴极表面，不但使阴极表面的电子被击出，而且还使阴极表面的原子获得能量从晶格能的束缚中逸出而进入空间，这种现象称为阴极的“溅射”。“溅射”出来的阴极元素的原子，在阴极区再与电子、惰性气体原子、离子等相互碰撞，从而获得能量被激发发射阴极物质的线光谱。

4.2.2 原子化系统

原子化器的功能是提供能量，使试样干燥、蒸发和原子化。入射光束在这里被基态原子吸收，因此也可把它视为“吸收池”。对原子化器的基本要求如下：必须具有足够高的原子化效率；必须具有良好的稳定性和重现性；操作简单及低的干扰水平等。

常用的原子化器有火焰原子化器和非火焰原子化器。

火焰原子化器由雾化器、雾化室和燃烧器组成，用火焰使试样原子化，是目前广泛应用的一种方式。它是将液体试样经喷雾器形成雾粒，这些雾粒在雾化室中与气体（燃气与助燃气）均匀混合，除去大液滴后，再进入燃烧器形成火焰，如图 4－2 所示。

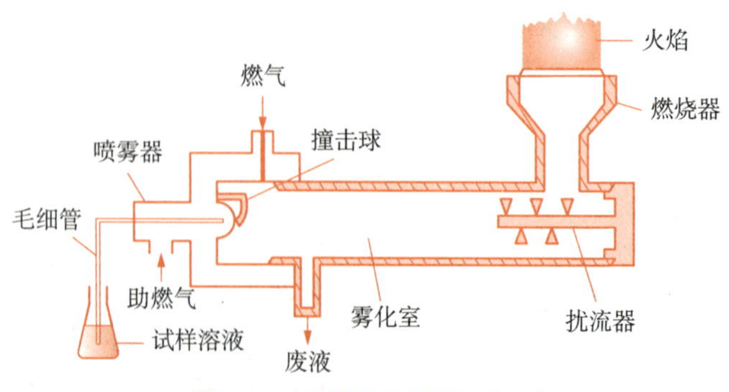

图 4－2　火焰原子化器示意图

非火焰原子化器常用的是石墨炉原子化器。石墨炉原子化法的过程是将试样注入石墨管中间位置，用大电流通过石墨管以产生高达 2 000～3 000℃的高温，使试样经过干燥、蒸发和原子化。

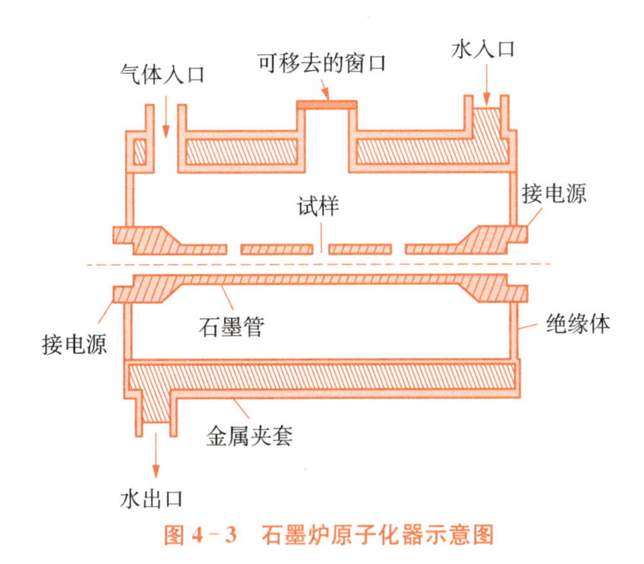

图 4-3　石墨炉原子化器示意图

4.2.3　分光系统

原子吸收光谱仪的光学系统由外光路系统和分光系统两部分组成。

外光路系统的作用是将空心阴极灯发射的共振线聚焦于基态原子蒸气中央，再将通过基态原子蒸气后的谱线聚焦在单色器的入射狭缝上。

分光系统主要由单色器、反射镜和狭缝等组成。其作用是将待测元素的共振线与邻近的谱线分开。通常是根据谱线的结构和欲测共振附近是否有干扰线来决定单色器狭缝的宽度；若待测元素光谱比较复杂或有连续背景时，则狭缝宜小；若待测元素的谱线比较简单，共振线附近没有干扰线，则狭缝可大一些，以提高信噪比、降低检出限。

4.2.4　检测与记录系统

检测和显示、记录系统由检测器、放大器、对数转换器、显示或打印装置组成。光信号由光电倍管转换成电信号，电信号经放大器放大后输出，进行对数转换，使指示仪表上显示出与试样浓度呈线性关系的数值。测定结果由仪表显示、记录或用微机处理，在屏幕上显示或打印出来。

4.3　实验部分

实验 6　火焰原子吸收光谱法测定土壤中的镉

一、实验目的

（1）了解原子吸收分光光度计的结构、性能和使用方法。

（2）掌握火焰原子吸收光谱法测定的原理。

（3）掌握原子吸收光谱法测定土壤中的痕量镉。

二、实验原理

土壤样品用 HNO_3 - HF - $HClO_4$ 或 HCl - HNO_3 - HF - $HClO_4$ 混酸体系消化后，将消化液直接喷入空气-乙炔火焰。在火焰中形成的 Cd 基态原子蒸气对光源发射的特征电磁辐射产生吸收。测得试液吸光度需扣除全程序空白吸光度，从标准曲线可查得镉含量。计算土壤中的镉含量。

该方法适用于高背景土壤（必要时应消除基体元素干扰）和受污染土壤中镉含量的测定。方法检出限范围为 0.05～2 mg/kg。

三、仪器与试剂

1. 仪器

原子吸收分光光度计、空气-乙炔火焰原子化器、镉空心阴极灯。

仪器工作条件如下：测定波长 228.8 nm；通带宽度 1.3 nm；灯电流 7.5 mA。

2. 试剂

（1）火焰类型空气-乙炔，氧化型，蓝色火焰。

（2）盐酸（特级纯），硝酸（特级纯），氢氟酸（优级纯），高氯酸（优级纯）。

（3）镉标准储备溶液：称取 500.0 mg 金属镉粉（光谱纯），溶于 25 mL 的（1＋5）HNO_3（微热溶解）。冷却，移入 500 mL 容量瓶中，用蒸馏去离子水稀释并定容。此溶液每毫升含 1.0 mg 镉。

(4) 镉标准使用溶液：吸取 10.0 mL 镉标准储备溶液于 100 mL 容量瓶中，用水稀释至标线，摇匀备用。吸取 5.0 mL 稀释后的标液于另一个 100 mL 容量瓶中，用水稀释至标线，即得每毫升含 5.0 μg 镉的标准使用溶液。

四、实验步骤

1. 土样试液的制备

称取 500.0～1 000.0 mg 土样于 25 mL 聚四氟乙烯坩埚中，用少许水润湿，加入 10 mL 的 HCl，在电热板上加热(＜450℃)消解 2 h，然后加入 15 mL 的 HNO_3，继续加热至溶解物剩余约 5 mL 时，再加入 5 mL 的 HF，加热分解除去硅化合物，最后加入 5 mL 的 $HClO_4$，加热至消解物呈淡黄色时，打开盖，蒸至近干。取下冷却，加入 1 mL 的(1＋5)HNO_3 微热溶解残渣，移入 50 mL 容量瓶中，定容。同时进行全程序试剂空白实验。

2. 标准曲线的绘制

吸取镉标准使用溶液 0 mL、0.5 mL、1.0 mL、2.0 mL、5.0 mL、10.0 mL 分别置于 6 个100 mL容量瓶中，用 0.2%的 HNO_3 溶液定容、摇匀。此标准系列分别含镉 0 μg/mL、0.05 μg/mL、0.10 μg/mL、0.20 μg/mL、0.50 μg/mL、1.00 μg/mL。测其吸光度，绘制标准曲线。

3. 样品测定

(1) 标准曲线法：按绘制标准曲线条件测定试样溶液的吸光度，扣除空白吸光度，利用标准曲线法计算镉含量，

$$镉(mg/kg) = m/w$$

上式中，m 为从标准曲线上查得的镉含量(单位为 μg)；w 为称量土样干重量(单位为 g)。

(2) 标准加入法：取试样溶液 5.0 mL 分别置于 4 个 10 mL 容量瓶中，依次分别加入 5.0 μg/mL 的镉标准使用溶液 0 mL、0.50 mL、1.00 mL、1.50 mL，用 0.2%的 HNO_3 溶液定容。设试样溶液镉浓度为 C_x，加标后试样浓度分别为 C_x+0、C_x+Cs、C_x+2Cs、C_x+3Cs，测得其吸光度分别为 A_x、A_1、A_2、A_3。绘制 $A \sim C$ 图。

由结果($A-C$ 图略)可知，所得曲线不通过原点，其截距所反映的吸光度正是试液中待测镉离子浓度的响应。外延曲线与横坐标相交，原点与交点的距离即为待测镉离子的浓度。结果的计算方法同上。

五、注意事项

(1) 在土样消化过程中，最后除 $HClO_4$ 时必须防止将溶液蒸干涸。当不慎蒸干时，Fe、Al 盐可能形成难溶的氧化物而包藏镉，使结果偏低。注意无水 $HClO_4$ 会发生爆炸。

(2) 镉的测定波长为 228.8 nm，该分析线处于紫外光区，易受光散射和分子吸收的干扰，特别是在 220.0～270.0 nm 之间，NaCl 有强烈的分子吸收，覆盖了 228.8 nm 线。另外，Ca、Mg 的分子吸收和光散射也十分强。这些因素皆可造成镉的表观吸光度增大。

为了消除基体干扰，可在测量体系中加入适量基体改进剂，如在标准系列溶液和试样中分别加入 0.5 g 的 $La(NO_3)_3 \cdot 6H_2O$。此法适用于测定土壤中含镉量较高和受镉污染土壤中的镉含量。

(3) 高氯酸的纯度对空白值的影响很大，直接关系到测定结果的准确度，因此必须注意全过程空白值的扣除，并尽量减少加入量以降低空白值。

六、思考与分析

(1) 在原子吸收光度法中，为什么用待测元素的空心阴极灯作光源？能否用氘灯或钨灯代替？为什么？

(2) 为什么要用空白液调零？

实验 7　石墨炉原子吸收光谱法测定毛发中的镉

一、实验目的

(1) 了解原子吸收分光光度计的结构、性能和使用方法。

(2) 掌握石墨炉原子吸收光谱法测定的原理。

(3) 掌握毛发样品的处理及测定毛发中痕量镉的方法。

二、实验原理

石墨炉利用高温石墨管使试样完全蒸发，充分原子化。试样利用率几乎达到 100%，自由原子在吸收区停留时间长，故灵敏度比火焰高 100～1 000 倍。试样用量仅为5～100 μL，而且可以分析悬浮液和固体样品。它的缺点是干扰大，必须进行背景扣除，操作比火焰法复杂。

石墨炉法测定毛发中的镉，灵敏度高，用量少。为了消除基体干扰，采取标准加入法或配制于葡萄糖溶液中的系列标准溶液。

三、仪器与试剂

1. 仪器

原子吸收分光光度计，石墨炉原子化器，镉空心阴极灯。

仪器工作条件如下：测定波长228.8 nm；通带宽度1.3 nm；灯电流7.5 mA。

2. 试剂

(1) 1.0 mg/mL镉储备溶液，称取500.0 mg金属镉(含量99.9%以上)置于100 mL烧杯中，加入10～15 mL盐酸溶解，冷却，移入500 mL容量瓶中，用二次蒸馏水定容。

(2) 20%(W/V)葡萄糖溶液；盐酸(优级纯)。

四、实验步骤

1. 标准系列溶液的配制

取镉标准储备溶液，用0.02 mol/L盐酸溶液逐级稀释成含10 ng/mL的Cd^{2+}的标准使用溶液，在6个25 mL容量瓶中分别加入Cd^{2+}的标准使用溶液0 mL、1.0 mL、2.0 mL、3.0 mL、4.0 mL、5.0 mL和葡萄糖溶液15 mL，用0.01 mol/L盐酸溶液定容。

2. 试液的制备

用不锈钢剪刀取距头皮1～3 cm处的发样1～2 g。剪碎至1 cm左右，置于烧杯中，用普通洗发剂浸泡2～3 min，然后用自来水洗至无泡，此过程重复2～3次，以保证洗尽发样上的污垢和油渍。最后用二次水冲洗3次，晾干，置烘箱中80℃干燥至恒重。准备称取100.0 g混匀的发样于30 mL瓷坩埚中，先在电炉上炭化，再置于马弗炉中升温至500℃左右，直至完全灰化。冷却后用5 mL的1.0 mol/L盐酸溶解，转入50 mL容量瓶，加葡萄糖溶液15 mL，用0.1 mol/L盐酸溶液定容。

3. 仪器调整

按照仪器操作方法，启动仪器，预热30 min，开启冷却水和保护气体开关。

调整测定镉的实验条件如下：波长228.8 nm；灯电流7.5 mA；狭缝宽度

0.4 nm；干燥温度 150℃；干燥时间 25 s；灰化温度 450℃，灰化时间 30 s；原子化温度 2 250℃；原子化时间 7 s。干燥升温斜率旋钮和灰化温度斜率旋钮都置于“4”。原子化时停气，进样量 20 μL。

4. 吸光值的测定

仪器调节到测量镉的实验参数后，按启动钮，自动升温空烧石墨管 1 次，调零后既可依次从低浓度到高浓度注入标准工作曲线系列溶液，测定各自的吸光值，每份溶液平行测定 3 次，计算其平均值。在相同测试条件下测定镉试液的吸光度。

五、数据处理

根据测得的镉试液吸光度平均值，绘制镉的标准工作曲线。利用标准工作曲线法计算相应的浓度，并计算发样中镉的含量。

六、思考与分析

(1) 配制样品溶液时，为什么要加入葡萄糖溶液？

(2) 在工作过程中，为什么要加惰性气体？

第5章 原子发射光谱分析法

原子发射光谱分析法(atomic emission spectroscopy, AES)是一种成分分析方法,可以根据待测物质的气态原子或离子受激发后所发射的特征光谱的波长及其强度来测定物质中元素组成和含量。原子发射光谱分析法在发现新元素和推动原子结构理论的建立方面曾做出重要贡献,在各种无机材料的定性、半定量及定量分析方面曾发挥重要作用。近几十年来,由于各项技术的飞速发展,原子发射光谱分析法得到广泛应用。

5.1 基本原理

原子发射光谱是由原子外层电子在不同能级间的跃迁而产生的。不同元素的原子结构不同,原子的能级状态不同,原子发射谱线的波长也不同,

$$\lambda = \frac{hc}{E_2 - E_1} = \frac{hc}{\Delta E} \tag{5—1}$$

因此,每种元素都有其特征光谱,如图5-1所示。

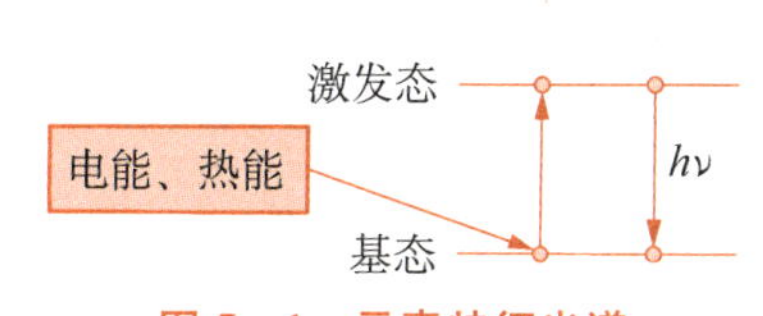

图5-1 元素特征光谱

使原子由低能级激发到高能级所需要的能量称为激发电位,常以电子伏特为单位。原子发射光谱中的各条谱线都有相应的激发电位,其数值均标示在图5-2的元素谱线表中。激发电位的高低反映了产生该条谱线所需能量的大小。共振发射线的激发电位称为共振电位。第一共振电位是元素最低的激发电位。

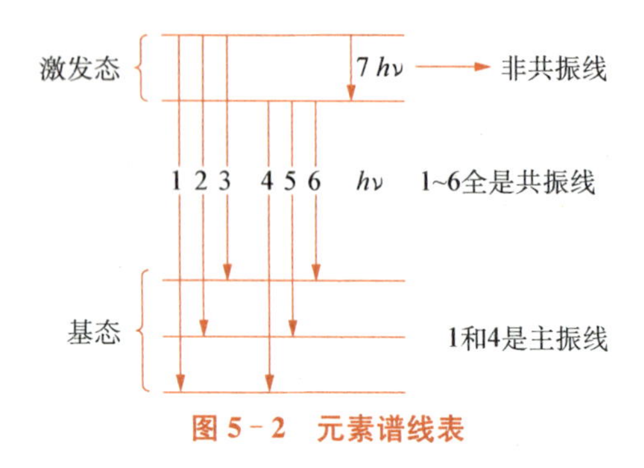

图 5-2 元素谱线表

如果给予原子足够大的能量，则可使原子发生电离。失去一个电子为一级电离，失去两个电子为二级电离。元素电离所需的最低能量称作该元素的电离电位，以电子伏特为单位表示。离子能级跃迁所产生的发射线称为离子线，每条离子线也都有相应的激发电位。

由于各种元素的原子结构不同，受激发辐射的光谱线的波长也各不相同，也就是说，每种元素的原子受激发后，都能辐射出该种元素原子特定波长的光谱线（即特征光谱），这就是定性分析的基础。

特征谱线的强度与被测元素的浓度有关，两者有如下的关系：

$$I = AC^b \tag{5-2}$$

上式中 I 为谱线强度，A 是发射系数，C 是被测元素的浓度，b 为自吸收系数。(5-2)式就是定量分析的基础。在一般情况下，等离子体光源中的谱线自吸很小，在很宽的浓度范围内，$b=1$。

5.2 仪器装置

原子发射光谱分析仪器一般包括激发光源、分光系统、检测系统 3 个部分。

5.2.1 光源

光源是使试样蒸发、解离、原子化、激发、跃迁产生光辐射的作用。光源对光谱分析的检出限、精密度和准确度都有很大的影响。常用的光源包括直流电弧、低压交流电弧、高压火花及电感耦合等离子体(ICP)。

1. 直流电弧光源

工作时使上下电极瞬间接触。接触点由于电阻较高而被加热。当两电极拉开一定距离时，阴极发射的热电子在电场的加速下与间隙内的气体分子碰撞而使之电离。中性分子对高速带电粒子运动的阻碍作用产生高温，在隙间形成电弧。电弧温度可达 4 000～7 000 K。另外，由于电极极性不变，被电场加速的电子持续轰击阳极，在阳极上形成灼热的阳极斑点，使置于阳极的样品蒸发而进入放电间隙，在电弧中进一步激发产生辐射。

2. 低压交流电弧光源

低压交流电弧是目前普遍使用的光源。交流电源电压为 220 V，频率为 50 Hz。在低压交流电弧中，电压及电流的方向和强度周期性地发生变化，必须采用引燃装置，每交流半周至少引燃 1 次，才能维持电弧持续不灭。常用的引燃装置是高压高频火花装置。

典型的高频火花引燃低压交流电弧发生器的电路由低压电弧电路Ⅰ和高压高频引燃电路Ⅱ两部分组成。工作时，220 V 电源电压经 R_1 适当降低电压后，由变压器 T_1 升压至 3 000 V，并向电容器 C_1 充电。当 C_1 两极板间的电压升到放电盘 G_1 的击穿电压时，G_1 被击穿，形成 $C_1-L_1-G_1$ 高频振荡回路。振荡电压经高压变压器 T_2 升至 10 000 V 左右，经旁路电容 C_2 使分析间隙 G_2 击穿，电弧点燃。低压交变电流沿着已形成的电离气体通道进行低压大电流燃烧，形成 $R_2-G_2-L_2$ 低压放电回路。当回路电压降到维持电弧放电所需的电压以下时，电弧熄灭。在第 2 个交流半周开始时，高频引燃装置再次将电弧点燃。如此反复，维持电弧不灭。

3. 高压火花光源

电极间不连续的气体放电叫火花放电。火花放电形成火花光源。交流电压经变压器 T 升压至 12 000～18 000 V，随即向电容器 C 充电，使电容器的电压不断升高。当电容器电压升到火花隙 G 的击穿电压时，火花隙被击穿，形成 $C-G-L$ 高频振荡回路，产生高频振荡电流，在火花隙产生高频火花放电。由于火花隙存在着电阻，消耗大量电能，因此，振荡迅速衰减，直至完全停止。在振荡电流中断以后，火花消失，电容器重新充电。电容器充电和放电周期性地交替进行。

4. 电感耦合等离子炬(ICP)

ICP 装置由高频发生器、等离子炬管、感应圈和雾化系统组成。等离子炬管是一个外径约 2.5 cm 的 3 层同心石英管，外面有 2～5 匝线圈与高频发生器相连。工作时，保护气体沿外管内壁切线方向引入，将外管与离子炬隔开，防止管壁烧毁。工作气体从中管进入，起维持等离子炬的作用。载气输送试样气溶胶从内管进入等离子炬。工作气体、保护气体和载气一般均为氩气。当电流接通后，高频电流通过线圈在炬管内感生出一个轴向的高频交变磁场,并在垂直于磁场方向感生出一个高频交变电场,如图 5-3 所示。

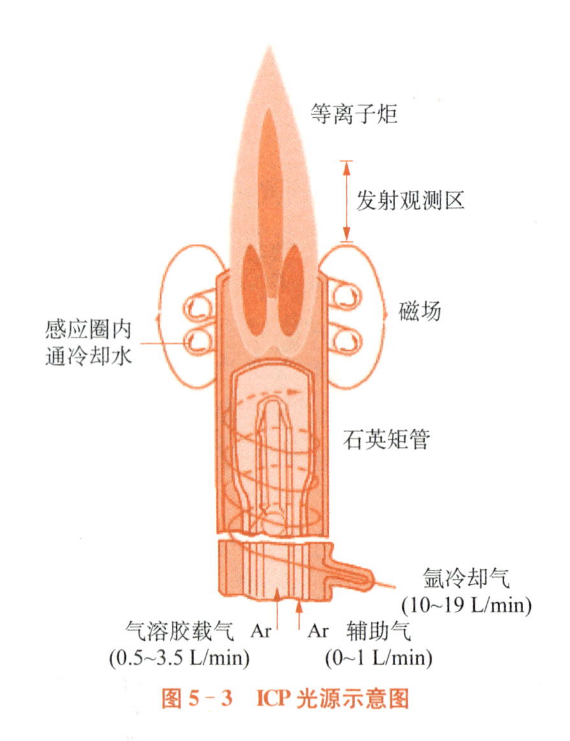

图 5-3 ICP 光源示意图

用电火花点火,使一部分工作气体电离。产生的荷电粒子在电场的加速下与工作气体分子碰撞,使之进一步电离,产生更多高速运动的荷电粒子。于是,在垂直于管轴的电场中形成强度高达几百安培的环形涡电流。涡流中的工作气体为等离子体。等离子体中的荷电粒子在高频磁场作用下的运动因受阻而产生大量的热,使等离子体的温度高达 1×10^{4} K。明亮的白色不透明等离子体核心与其上方透明的火焰似的尾巴构成等离子炬。

当雾化器产生的气溶胶被载气导入 ICP 炬中时,试样被蒸发、解离、电离和激发,产生原子发射光谱。

5.2.2 分光系统(光谱仪)

光谱仪将光源发射的不同波长的光色散成为光谱或单色光,并且进行记录和检测。

1. 棱镜摄谱仪

棱镜光谱仪利用光的两次折射原理进行色散，波长越短的光，折射率越大，当复合光通过棱镜时，不同波长的光会因折射率不同而被色散为光谱，如图5-4所示。

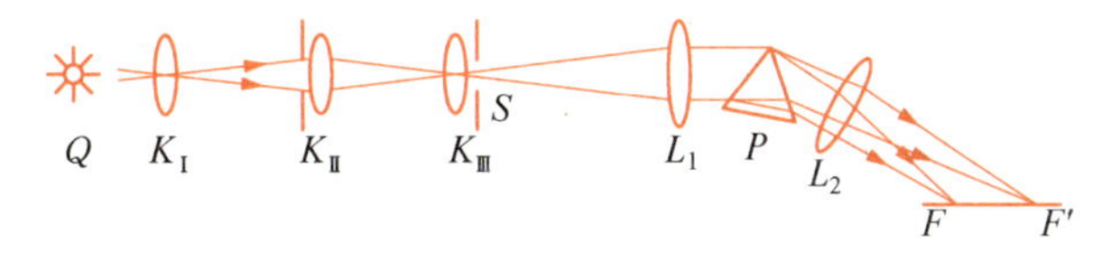

Q-光源；$K_Ⅰ$，$K_Ⅱ$，$K_Ⅲ$-照明系统；S-狭缝；L_1-准直镜；L_2-成像物镜；P-色散棱镜；FF′-焦面(感光板位置)

图5-4　棱镜分光系统光路图

2. 光栅摄谱仪

光栅分光系统的光路如图5-5所示。光源B发出的光经三透镜照明系统聚焦在入射狭缝S上，平面反射镜P将光反向至凹面反向镜M下方的准光镜Q_1上，平行光束经平面反射光栅G色散后，再经过凹面反向镜上方的成像物镜Q_2将光谱聚焦于感光板F上，旋转光栅转台可改变入射角和衍生角，得到所需要波长范围的光谱。

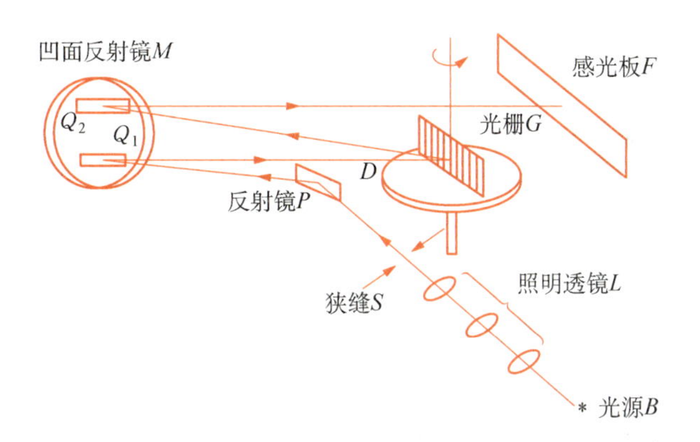

图5-5　光栅分光系统光路图

5.2.3　检测与记录系统

原子发射光谱分析法主要包括摄谱法和光电检测法两种检测方法。

1. 摄谱法

摄谱法主要采用感光板来接收与记录光谱。感光板上照相乳剂均匀地涂敷在玻璃上。将感光板置于摄谱仪焦面，接受被分析试样的光谱作用而感光，再经过显影、定影等过程后，制得光谱底片，其上有许多黑度不同的光谱线。根据谱线位置及谱线强度，进行光谱定性及半定量分析。用测微光度计测量谱线的黑度，进行光谱定量分析。

2. 光电直读摄谱仪

光电测量方法的原理如下：光电直读摄谱仪是利用光电测量方法直接测定光谱线强度的光谱仪。它与其他摄谱仪的主要区别是不用感光板来接收谱线，而是让光谱线通过曲面反光镜聚焦于入射狭缝，用光电倍增管接收光辐射。一个出射狭缝和一个光电倍增管构成光的通道，可检测一条谱线。每个光电倍增管都连接一个积分容器，由光电倍增管输出的光电流向电容器充电，曝光时间就是光电管向积分电容器充电的时间，曝光完毕通过测量积分电容器上的电压来测定谱线强度。

5.3 实验部分

实验 8 ICP - AES 法测定废水中镉、铬含量

一、实验目的

(1) 了解电感耦合等离子体光谱仪的结构及其工作原理和使用方法。

(2) 初步掌握等离子体光谱仪测定废水中镉、铬的方法及仪器的维护与使用。

二、实验原理

电感耦合等离子体光谱仪主要由高频发生器、ICP 矩管、耦合线圈、进样系统、分光系统、检测系统、计算机控制和数据处理系统构成。等离子体是氩气通过炬管时，在高频电场的作用下电离而产生的。它具有很高的温度，样品在等离子体中的激发比较完全。在等离子体某一特定的观测区，测定的谱线强度与样品浓度具有一定的定量关系。因此，只要测定出谱线的强度，就可以计算其浓度。

三、仪器与试剂

1. 仪器

PS - 6 型 ICP - AES 仪器(美国贝尔德公司)，电子分析天平(赛多利斯科学

仪器北京有限公司)。

2. 试剂

镉、铬的标准溶液(1.0 g·L^{-1}),若实验需要,可以稀释至相应浓度。

铬酸钾、金属铬、浓盐酸、配制水均为二次蒸馏水。

四、实验步骤

(1) 开机并设置仪器参数,输入 Cd 和 Cr 的分析元素、分析波长及最佳工作条件等。

(2) 标准溶液的配制:各取 5 个 100 mL 容量瓶,分别加入 0 mL、1.0 mL、10.0 mL、20.0 mL、40.0 mL 的 Cd,分别加入 0 mL、1.0 mL、10.0 mL、20.0 mL、40.0 mL 的 Cr,然后向各个容量瓶中加入 5 mL 硝酸,用二次水稀释至刻度,摇匀。

(3) 配制样品溶液:取 50 mL 废水置于 100 mL 容量瓶中,加入 5 mL 硝酸,用二次水稀释至刻度,摇匀,待测。

(4) 按关机程序,退出分析程序,进入主菜单,关闭蠕动泵、气路,关闭 ICP 电源及计算机系统,最后关冷却水。

五、数据处理

基于实验数据,计算样品中待测元素的含量。

六、思考与分析

(1) 为什么本实验不用内标法?

(2) 为什么 ICP 光源能够提高原子发射光谱分析的灵敏度和准确度?

*实验 9　微波消解 ICP - AES 法测定废铜渣中多种痕量金属元素

一、实验目的

(1) 了解电感耦合等离子体光谱仪的结构及其工作原理和使用方法。

(2) 初步掌握微波消解的方法处理样品及仪器的维护与使用。

二、实验原理

电感耦合等离子体光谱仪主要由高频发生器、ICP 矩管、耦合线圈、进样系统、分光系统、检测系统及计算机控制、数据处理系统构成。等离子体是氩气通过炬管时，在高频电场的作用下电离而产生的。它具有很高的温度，样品在等离子中的激发比较完全。在等离子体某一特定的观测区，测定的谱线强度与样品浓度具有一定的定量关系。因此，只要测定出谱线的强度，就可以计算其浓度。

三、仪器与试剂

1. 仪器

PS－6 型 ICP－AES 仪器(美国贝尔德公司)，WX－3000 型微波消解仪(上海屹尧微波化学技术有限公司)，电子分析天平(北京赛多利斯公司)。

2. 试剂

(1) 铅、铁、铋、砷、锑、锡、镉、钴、锰单元素标准储备溶液(1 000 μg/mL)，均由国家标准物质研究中心提供。

(2) 硝酸、盐酸、过氧化氢为优级纯，实验用水为去离子水。

四、实验步骤

1. 仪器工作参数

仪器工作条件如下：仪器功率 1 300 W，辅助气流 100 L/min，冲洗泵速 100 r/min，分析泵速 100 r/min，泵松弛时间 5 s，雾化气压力 172.163 9 kPa，积分时间在低波为 20 s，在高波为 10 s。微波消解程序如下：

$$300\ \text{W}(180℃) \xrightarrow{5\ \text{min}} 450\ \text{W}(200℃) \xrightarrow{5\ \text{min}} 600\ \text{W}(220℃) \xrightarrow{5\ \text{min}} 300\ \text{W}(180℃)$$

2. 实验方法

称取 0.10 g(精确至 0.000 1 g)在 105℃烘干至恒重的试样于聚四氟乙烯(PTFE)溶样瓶中，加入 4 mL 王水，摇匀。待剧烈反应停止后，补加 1 mL 过氧化氢，迅速盖好杯盖，置于高压罐内，再放入微波炉中。按设定好的微波消解条件开始熔样，待试样溶解完毕，冷却至室温，移入 100 mL 容量瓶中定容。同时配制试剂空白溶液，在 ICP－AES 光谱仪选定条件下测试。

3. 标准溶液的配制

准确吸取 5 mL 的 Bi、Fe、Mn、As、Pb、Cd、Co、Sb 和 10 mL 的 Sn 标准储备溶液于 100 mL 容量瓶中，配制成 50 μg/mL 混合标准储备溶液。分取混合标准储备液配制标准工作溶液，其质量浓度分别为 0 μg/mL、0.02 μg/mL、0.04 μg/mL、1.0 μg/mL、2.0 μg/mL、5.0 μg/mL、10.0 μg/mL，硝酸为(1＋9)

介质。

4. 测定

在各元素最佳分析谱线及仪器最佳工作参数的条件下，将配制好的工作溶液，做相应的标准工作曲线，上机应用于标准加入法进行测定。仪器记录每份工作溶液分析元素的特征光谱绝对强度后，自动分析计算试样中各元素的质量浓度。

五、数据处理

利用实验测得的样品溶液的数据，求样品中待测元素的含量。

六、思考与分析

(1) 通过实验分析 ICP - AES 分析方法的特点。

(2) 微波消解处理样品具有哪些优点？

第6章 原子荧光光谱法

原子荧光光谱法(atomic fluorescence spectrometry, AFS)是20世纪60年代发展起来的一种新的痕量元素分析方法。这种方法通过测定元素的原子蒸气在辐射能激发下产生的荧光发射强度进行元素定量分析。它具有以下优点：灵敏度高、检出限低，线性范围宽，谱线比较简单。

6.1 基本原理

当气态基态原子吸收特征辐射后被激发到高能态，大约在 10^{-8} s内又跃迁回到低能态或基态，同时发射出与入射光波长相同或不同的光，这种现象称为原子荧光。这是一种光致原子发光现象。各种元素都有特定的原子荧光光谱，根据原子荧光的特征波长进行元素的定性分析，根据原子荧光的强度进行定量分析。定量分析的基本关系式如下：

$$I_f = \Phi \cdot I_0 \cdot A \cdot K_0 \cdot l \cdot N = K \cdot c \quad (6-1)$$

上式中，Φ 为荧光效率，I_0 为原子化火焰单位面积接受到的光源强度，A 为受光照射在检测器中观察到的有效面积，K_0 为峰值吸收系数，l 为吸收光程，N 为单位体积内的基态原子数。

6.2 仪器装置

原子荧光光谱仪的主要部件有激发光源、原子化系统、分光系统、检测系统、光源与检出信号的电源同步调制系统5个部分。仪器的基本结构与原子吸收光谱仪相似，如图6-1所示。

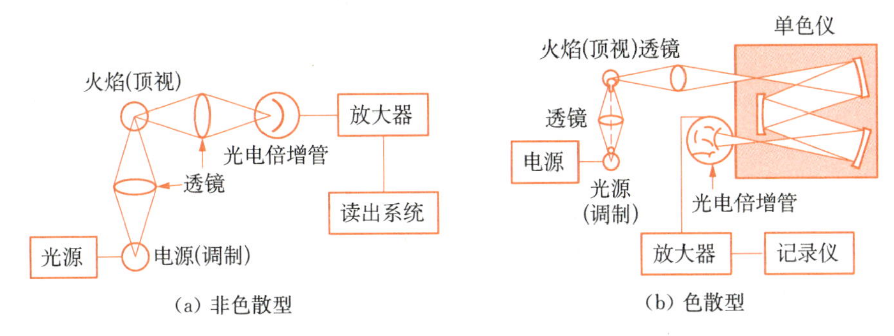

图 6-1　原子荧光光谱仪示意图

6.2.1　激发光源

原子荧光光谱仪必须使用强激发光源。原子荧光的激发光源可以是锐线光源,如高强度空心阴极灯、无极放电灯、激光等;也可以使用连续光源,如高压氙弧灯。它应该与信号检波放大器进行电源同步调制,以便消除原子化器中的原子发射干扰。

6.2.2　原子化器

使试样原子化的方法有火焰原子化器和石墨炉原子化器。常用的火焰原子化器有预混合型和紊流型两种,目前这两种方式的火焰原子化器都在使用。

6.2.3　分光系统

原子荧光光谱简单,谱线干扰少,对单色器的分辨率要求不高,可采用小型光栅单色器、干涉滤光片或宽带的光学滤光片。非色散原子荧光光谱仪若不用滤光片,使用光电倍增管对 160～280 nm 的荧光辐射有高灵敏度。

6.3　实验部分

实验 10　原子荧光光谱法测定化妆品中铅的含量

一、实验目的

(1) 了解原子荧光光谱仪的结构、性能和使用方法。

（2）掌握原子荧光谱法测定光的原理。

（3）掌握化妆品样品的处理方法。

二、实验原理

基态原子受到热、电或光能的作用，原子从基态跃迁至激发态，然后再返回到基态，辐射出与吸收光波长相同或不同的荧光（共振发射线和非共振发射线）。当光源强度稳定、辐射光平行、自吸可忽略条件下，发射荧光的强度 I_f 正比于基态原子对特定频率吸收光的吸收强度，

$$I_a : I_f = \Phi I_a \tag{6-1}$$

在理想状况下，如（6－1）式所示。

三、仪器与试剂

1. 仪器

双道原子荧光光谱仪（AFS200T），电热板，实验室级超纯水器。

2. 试剂

铅标准使用液（5 μg/mL）、20％盐酸、10％铁氰化钾－2％草酸溶液、硼氢钾溶液、佰草集爽肤水、美肌面膜、美丽加芬爽肤水、卡尼尔爽肤水。

四、实验步骤

1. 样品处理

（1）称取样品 0.1～0.2 g，设置平行样，每种样品称取两份，放入坩埚中并编号。

（2）向坩埚中加入 15 mL 的浓硝酸，并设置空白样。盖上坩埚盖，静置一晚上。再加入 2.5 mL 的 $HClO_4$，放在电热板上消解 30 min，取下盖子继续加热，直到有白烟冒出，将坩埚转移至低温处，待无白烟冒出即可用蒸馏水定容至50 mL。

2. 铅标准系列的制备

配制系列铅标准溶液，其浓度分别为 0 μg/mL、0.1 μg/mL、0.2 μg/mL、0.4 μg/mL、0.8 μg/mL，分别加入 5 mL 的 20％盐酸与 10 mL 的 10％铁氰化钾－2％草酸溶液，待测。

3. 仪器参数设置

（1）负高压：270 V；灯电流：80 mA；辅助阴极电流：10 mA。

（2）原子化器高度：7 mm；原子化器温度：室温；载气流量：700 mL/min；测量方式：标准曲线法；信号类型：峰面积；读数时间：20 s；延时时间：2 s；泵速级时间：①采样 100 r/min，8 s，②停，4 s，③注入 100 r/min，16 s，④停，5 s；载流：1.5%的 HCl。

4. 测定

按照仪器要求测定标准溶液系列及样品的荧光信号并记录数据。

五、数据处理

利用实验测得的样品溶液数据，求样品中待测元素的含量。

六、思考与分析

（1）通过实验分析 AFS 分析方法的特点。

（2）分析 AAS 与 AFS 这两种方法测定铅的差异性。

第7章 电位分析法

利用物质电化学性质及其变化来测定物质组成及含量的分析方法称为电化学分析法。其特点是使试样溶液构成一个电化学电池的组成部分，通过测量电池的某些参数或者这些参数的变化进行定性或定量分析。

电位分析法是电化学分析法的重要分支，电位分析是通过在零电流条件下测定两电极间的电位差（电池电动势）所进行的分析测定。可分为直接电位法和电位滴定法。

直接电位法是根据测量组成电化学电池的一个电极（指示电极）的电位值，由能斯特方程的关系直接求得被测定物质活度（或浓度）的分析方法。电位滴定法则是根据在滴定过程中指示电极电位的剧烈突跃变化来确定滴定终点，通过所消耗的滴定剂的体积和浓度来计算被测物质的含量。

7.1 基本原理

电位分析法利用被测离子的活度（或浓度）与电极电位之间的关系，建立一种电化学分析方法，其理论基础为能斯特方程（电极电位与溶液中待测离子间的定量关系）。

对于氧化还原体系，

$$\mathrm{O}x + ne^{-} = \mathrm{Red}$$

$$E = E^{\ominus}_{\mathrm{O}x/\mathrm{Red}} + \frac{RT}{nF}\ln\frac{a_{\mathrm{O}x}}{a_{\mathrm{Red}}} \tag{7-1}$$

对于金属电极（还原态为金属，活度定为 1），

$$E = E^{\ominus}_{M^{n+}/M} + \frac{RT}{nF}\ln a_{M^{n+}} \tag{7-2}$$

测定时参比电极的电极电位保持不变，电池电动势随指示电极的电极电位而变，而指示电极的电极电位随溶液中待测离子活度而变。

7.1.1　直接电位法

直接电位法应用最多的是测量溶液的 pH 值。20 世纪 60 年代后期以来，离子选择电极迅速发展，极大地扩展了直接电位法的应用范围，使某些离子的测定也像测定 pH 值一样简便、快速。目前，离子选择电极已广泛应用于各种样品分析与检测。

7.1.2　电位滴定法

电位滴定法是一种利用电位确定终点的分析方法。与直接电位法不同，电位滴定法以测量电位的变化为基础，不以某一确定的电位值为计算的依据。进行电位滴定时，在溶液中插入待测离子的指示电极和参比电极组成化学电池，随着滴定剂的加入，由于发生了化学反应，待测离子的浓度不断发生变化，指示电极的电位随之发生变化，在计量点附近待测离子的浓度发生突变，指示电极的电位发生相应的突跃。因此，测量滴定过程中电池电动势的变化，就能确定滴定反应的终点，如图 7－1 所示。

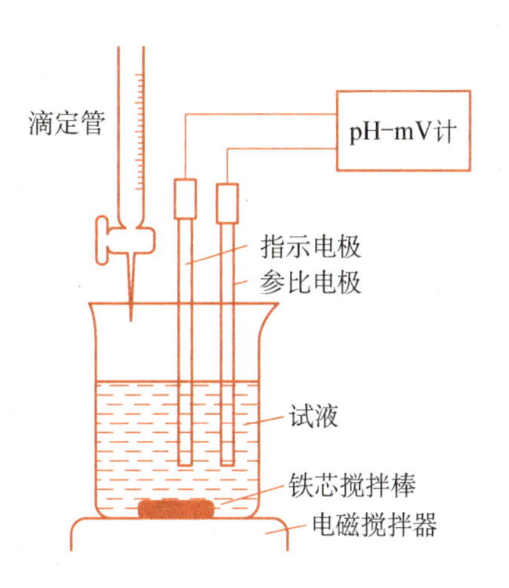

图 7－1　电位滴定法装置图

7.2　仪器装置

7.2.1　指示电极

在电化学测试过程中，溶液主体浓度不发生变化的电极称为指示电极。如果有较大电流通过时，溶液的主体浓度发生显著变化的电极称为工作电极。因此，在电位分析法中的离子选择性电极为指示电极。常用的离子选择性电极有玻璃电极、晶体膜电极、液膜电极、气敏电极、酶电极等。

7.2.2 参比电极

在测量过程中，具有恒定电位的电极称为参比电极。电分析化学中常用的参比电极是甘汞电极和银-氯化银电极。它们的电极电位取决于溶液中阴离子(氯离子)的活度。

7.2.3 辅助电极

辅助电极也称对电极，与工作电极组成电池，形成通路，但电极上进行的电化学反应并非实验所研究或测试的，它们只是提供电子传递的场所。当通过的电流很小时，一般直接由工作电极和参比电极组成电池；当电流较大时，则需要采用辅助电极构成三电极系统来测量。

7.2.4 测量仪器

在电位分析中，通常使用电位差计或电子伏特计。电位差计是一种用准确已知的标准电位通过分压器来平衡未知电压的零指示仪器，其精密度取决于检流计对线路中电阻的灵敏度，一般只能用来测量内阻小于 10 000 Ω 的电池电动势。玻璃电极及其他膜电极的内阻一般在几十到几百兆欧范围内，所以一般不能用电位差计来测量这类电极组成的电池体系，而应该使用高输入阻抗的电子伏特计。目前，应用最广泛的一类是 pH 计。

自动电位滴定仪分为电计和滴定系统两部分。如图 7 - 2 所示，电计采用电

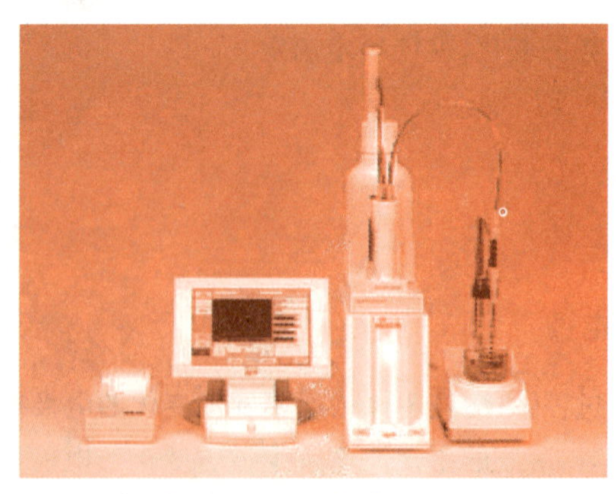

图 7 - 2　自动电位滴定仪

子放大控制线路，将指示电极与参比电极间的电位同预先设置的某一终点电位相比较，两信号的差值经放大后控制滴定系统的滴液速度。达到终点预设电位后，滴定自动停止。

7.3　实验部分

实验11　离子选择性电极法测定水中氟离子

一、实验目的

（1）掌握直接电位法的测定原理及实验方法。
（2）学会正确使用氟离子选择性电极和酸度计。
（3）了解氟离子选择性电极的基本性能及其测定方法。

二、实验原理

氟离子选择电极是一种以氟化镧（LaF_3）单晶片为敏感膜的传感器。由于单晶结构对能进入晶格交换的离子有严格的限制，故有良好的选择性。将氟化镧单晶（掺入微量氟化铕(Ⅱ)以增加导电性）封在塑料管的一端，管内装有 0.001 mol/L 的 NaF 和 0.1 mol/L 的 NaCl 溶液，以 Ag－AgCl 电极为参比电极，构成氟离子选择性电极。用氟离子选择性电极测定水样时，以氟离子选择电极作指示电极，以饱和甘汞电极作参比电极，组成的测量电池为

$$\text{Ag, AgCl} \,||\, [10^{-3}\ \text{mol/L NaF},\ 10^{-3}\ \text{mol/L NaCl}]\text{LaF}_3 \,|\, \text{F}^-(\text{试液}) \,||\, \text{KCl(饱和)} \,|\, \text{Hg}_2\text{Cl}_2,\ \text{Hg}$$

电池的电动势随溶液中氟离子的浓度变化而改变，即

$$\begin{aligned} E(\text{电池}) &= E(\text{SEC}) - E(\text{F}^-) \\ &= E(\text{SCE}) - k + RT/F\ln\alpha(\text{F}^-,\text{外}) \\ &= K + RT/F\ln\alpha(\text{F}^-,\text{外}) \\ &= K + 0.059\lg a(\text{F}^-,\text{外}) \end{aligned}$$

上式中，0.059 为常温下电极的理论响应斜率，K 与内外参比电极、内参比溶液中 F^- 的活度有关，当实验条件一定时为常数。用氟离子选择电极测量 F^- 时，最

适宜的pH值范围为5.5～6.5。pH值过低，易形成HF，影响F^-的活度；pH值过高，易引起单晶膜中La^{3+}的水解，形成$La(OH)_3$，影响电极的响应，故通常用pH值约为6的柠檬酸盐缓冲溶液来控制溶液的pH值。某些高价阳离子（如Al^{3+}、Fe^{3+}）及氢离子能与氟离子络合而干扰测定，而柠檬酸盐可以消除Al^{3+}、Fe^{3+}的干扰。在碱性溶液中，OH^-浓度大于F^-浓度的1/10时也有干扰，而柠檬酸盐可作为总离子强度调节剂消除标准溶液与被测溶液的离子强度差异，使离子活度系数保持一致。

氟离子选择电极法具有测定简便、快速、灵敏、选择性好、可测定浑浊、有色水样等优点。最低检出浓度为0.05 mg/L（以F^-计）；测定上限可达1 900 mg/L（以F^-计）。适用于地表水、地下水和工业废水中氟化物的测定。

三、仪器和试剂

1. 仪器

(1) PHS-3C pH计，85-2型恒温电磁搅拌器，氟离子选择性电极，饱和甘汞电极。

(2) 1 mL、5 mL、10 mL吸量管各1个，25 mL移液管1个，100 mL和50 mL烧杯各1个，50 mL容量瓶7个，胶头滴管，洗耳球，滤纸，镊子。

2. 试剂

(1) 总离子强度调节缓冲液（TISAB）置于1 L烧杯中，加入500 mL的水和57 mL的冰乙酸、58 g的氯化钠和12 g的柠檬酸钠，搅拌至溶解，用1∶1氢氧化钠中和至pH值为5.0～5.5，用水稀释、摇匀，定容。

(2) 氟离子标准溶液：0.1 mol/L。

(3) 去离子水。

四、实验步骤

1. 预热及电极安装

接通电源，预热仪器20 min，校正仪器，调节零点。氟电极接仪器负极接线柱，甘汞电极接仪器正极接线柱。

2. 清洗电极

取去离子水50～60 mL置于100 mL烧杯中，放入搅拌磁子，插入氟电极和饱和甘汞电极。开启搅拌器，2 min后，若读数大于−200 mV，则更换去离子水，继续清洗，直至读数小于−200 mV。

3. 工作曲线法

（1）标准溶液的配制及测定

分别准确移取 0.1 mol/L 的氟离子标准溶液 0.2 mL、0.4 mL、1.0 mL、2.0 mL、4.0 mL、10.0 mL于 6 个 50 mL 容量瓶中，各加入 5.0 mL 柠檬酸盐缓冲溶液，用去离子水稀释至刻度，摇匀，分别得到浓度为 0.4×10^{-3} mol/L、0.8×10^{-3} mol/L、2×10^{-3} mol/L、4×10^{-3} mol/L、8×10^{-3} mol/L、20×10^{-3} mol/L 的系列标准溶液。

用待测的标准溶液润洗塑料烧杯和搅拌磁子 2 遍。用干净的滤纸轻轻吸附在电极上的水珠。将剩余的氟水样全部倒进塑料烧杯中，放入搅拌磁子，插入洗净的电极进行测定。待读数稳定后，读取电位值。按浓度从低至高的顺序依次测量，每测量 1 份试样，无需清洗电极，只需用滤纸轻轻吸去电极上的水珠。测量结果列表记录，如表 7－1 所示。

（2）水样的测定

取 25.0 mL 的含氟水样于 50 mL 容量瓶中，加入 5.0 mL 的柠檬酸盐缓冲溶液，用去离子水稀释至刻度，摇匀，待测。用少许氟水样润洗塑料烧杯和搅拌磁子 2 遍。用干净的滤纸轻轻吸附在电极上的水珠。将剩余的氟水样全部倒进塑料烧杯中，放入搅拌磁子，插入洗净的电极进行测定。待读数稳定后，读取电位值，测量结果记入表 7－1。

表 7－1　测量数据记录

C_F(mol/L)	0.4×10^{-3}	0.8×10^{-3}	2×10^{-3}	4×10^{-3}	8×10^{-3}	2×10^{-2}	待测样品
E_i(mV)							

五、数据处理

1. 根据系列标准溶液的数据，用 Excel 软件绘制 $E-\lg C_F$ －曲线。

2. 根据水样测得的电位值 E_i，利用标准曲线法计算其氟离子浓度，从而计算水样中氟离子的含量(单元以 mol/L 计)。

由计算机处理得标准曲线方程________________。

相关系数 $R=$________________。

由水样测得的电位值 $E_i=$_________；代入标准曲线方程可得，氟离子________，故氟离子的浓度为________，水样中氟离子含量为________。

六、思考与分析

（1）在使用氟离子选择电极时应注意哪些问题？

（2）为什么要清洗氟电极，使其响应电位值低于－200 mV？

（3）柠檬酸盐在测定溶液中起到哪些作用？

实验 12 硫酸铜电解液中氯离子的电位滴定

一、实验目的

（1）学会电位滴定法的基本原理，掌握硫酸铜电解液中氯离子含量的测定方法。

（2）了解 ZDJ－4A 型自动电位滴定仪，学会手动和自动滴定法。

（3）掌握用 $E-V$、$\Delta E/\Delta V-V$、$\Delta^2 E/\Delta V^2-V$ 曲线确定滴定终点的方法，并确定滴定终点的电位值。

（4）根据滴定剂 $AgNO_3$ 标准溶液的用量，计算硫酸铜电解液中氯离子的含量(单位以 g/L 或 mol/L 计)。

二、实验原理

以 $AgNO_3$ 标准溶液为滴定液，其滴定反应为

$$Ag^+ + Cl^- = AgCl\downarrow$$

银电极作指示电极，双盐桥饱和甘汞电极(217 型)作参比电极，组成原电池。在滴定过程中，银电极的电位随溶液中 Cl^- 或 Ag^+ 的浓度变化而变化。在化学计量点前，银电极的电位决定于 Cl^- 浓度：

$$E = E^0_{AgCl/Ag} - 0.0592\lg[Cl^-]$$

在化学计量点后，银电极的电位决定于 Ag^+ 浓度：

$$E = E^0_{Ag^+/Ag} + 0.0592\lg[Ag^+]$$

在化学计量点附近，由于 Cl^- 或 Ag^+ 浓度发生突变，致使银电极的电位发生突变。

滴定终点可由电位滴定曲线来确定，即 $E-V$ 曲线（突跃中点）、一次微商 $\Delta E/\Delta V-V$ 曲线（$\Delta E/\Delta V$ 最大点）、二次微商 $\Delta^2 E/\Delta V^2-V$ 曲线（$\Delta^2 E/\Delta V^2=0$ 点）。

$$\text{氯离子含量(mol/L)} = CV(AgNO_3)/25.00$$

$$\text{氯离子含量(g/L)} = CV(AgNO_3)\times M_{Cl^-}/25.00$$

三、仪器与试剂

1. 仪器

ZDJ－4A 型自动电位滴定仪，酸式（棕色）滴定管（10 mL），银电极（216 型），饱和甘汞电极（217 型双盐桥）。

2. 试剂

0.05 mol/L 的 $AgNO_3$ 标准溶液，硫酸铜电解液（含氯离子），0.1 mol/L 的 KNO_3 溶液。

四、实验步骤

1. 仪器的组装及准备

将银电极（右）和饱和甘汞电极（左，盐桥套管内装 2/3 的 KNO_3 溶液）装在搅拌器滴定装置的电极夹上，并将银电极接在滴定仪的电极插口 1，饱和甘汞电极接在滴定仪的接地接线柱。在电脑上打开程序，点击设置参数键，将滴定仪功能设置为“mV”。

2. 手动滴定

准确吸取硫酸铜电解液 25.00 mL，置于 150 mL 烧杯中，加水约 25 mL，放搅拌磁子，置于搅拌器上。将两电极浸入试液，开启搅拌器，读取初始电位。将滴定管下端连接带毛细管的细胶管，装上 $AgNO_3$ 标准溶液，调节好液面后，一边搅拌，同时按下“开始滴定”按钮，开始滴定。每加入一定体积的 $AgNO_3$ 溶液，放开“开始滴定”按钮，记录一次电位值 E。开始滴定时，每次可加 1.00 mL；当到达化学计量点附近时（化学计量点前后约 0.5 mL），每次加 0.10 mL；过了化学计量点后，每次仍加 1.00 mL，一直滴定到 9.00 mL。

3. 自动滴定

根据手动滴定曲线（$\Delta^2 E/\Delta V^2-V$ 曲线），可求得终点电位。以此电位值为控制依据，进行自动滴定。

（1）终点设定："设置"开关置于"终点"，"功能"开关置于"自动"，调节"终点电位"旋钮，使显示屏显示终点电位值。

（2）预控制点设定："设置"开关置于"预控点"，调节"预控点"旋钮，使显示屏显示"100 mV"。然后将"设置"开关置于"测量"。

（3）准确吸取硫酸铜电解液 25.00 mL，置于 150 mL 烧杯中，加水约25 mL，放搅拌磁子，置于搅拌器上。将两电极浸入试液。将滴定管装上 $AgNO_3$ 标准溶液，调节好液面后，开启搅拌器，按下"手动连续滴定"按钮，开始滴定。待"终点"灯亮后，读取滴定管读数。

五、数据处理

1. 数据记录

实验数据记录于表 7－2 中。

表 7－2　测量数据记录

V	0.00	0.50	1.00	1.50	2.00	2.50	3.00	3.50	4.00	4.50	5.00	5.05
E												
$\Delta E/\Delta V$												
$\Delta^2 E/\Delta V^2$												
V	5.10	5.15	5.20	5.25	5.30	5.35	5.40	5.45	5.50	5.55	5.60	5.65
E												
$\Delta E/\Delta V$												
$\Delta^2 E/\Delta V^2$												
V	5.70	5.75	5.80	5.85	5.90	5.95	6.00	6.50	7.00	7.50	8.00	8.50
E												
$\Delta E/\Delta V$												
$\Delta^2 E/\Delta V^2$												

2. 滴定曲线

（1）绘制 $E-V$ 曲线。

（2）绘制 $\Delta E/\Delta V-V$ 曲线。

（3）绘制 $\Delta^2 E/\Delta V^2-V$ 曲线。

3. 含量计算

自动滴定确定终点时，$V(AgNO_3)=$________mL，$C(AgNO_3)=0.05$ mol/L，则硫酸铜电解液中氯离子的含量为________mol/L或________g/L。

六、思考与分析

(1) 用硝酸银滴定氯离子时，是否可以用碘化银电极作指示电极？

(2) 与化学分析中的容量分析法相比，电位滴定法有何特点？

第8章 电解和库仑分析法

电解和库仑分析法都是建立在电解基础上的方法。在电解过程中，法拉第电解定律反映电解电量与电极反应物质的量之间的关系；能斯特方程式反映电极电位与电极表面溶液化学组成的关系；反映外加电压与反电压及电解电流关系的电解方程式是这两种方法的理论基础。

8.1 基本原理

8.1.1 电解分析法

电解是电解池内的两个电极在外加电压作用下，电解质溶液中电活性物质在电极上发生电化学反应而产生电流的过程。电极反应能否进行，取决于电极电位和反应物活度，而产生电流的大小由电极反应的速度决定。电解分析法的测定对象若是物质的质量，就称为电重量法；若是用于物质的分离，则称为电解分离法。

8.1.2 库仑分析法

库仑分析法是测量电解过程被测物质定量进行某一电极反应时所消耗的电量，或被测物质与某一电极反应的产物定量反应完全时所消耗的电量，然后根据法拉第电解定律计算被测物质的含量。只有电极反应单一，电流效率达到100%时，库仑分析法才适用。

8.2　仪器装置

8.2.1　恒电流电解仪

恒电流电解仪的基本装置如图 8－1 所示，在整个电解过程中，逐渐增加外加电压，使电解电流始终保持一恒定值。恒电流电解适用于溶液中只有一种金属离子可被电沉积的场合，亦可用来进行电动次序氢以下的金属和氢以上的金属的分离。

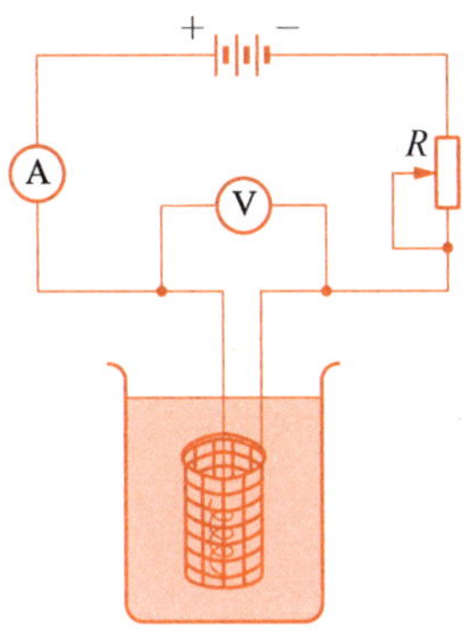

图8－1　恒电流电解仪示意图

8.2.2　控制电位电解仪

控制电位电解分析是在电解过程中将阴极电位控制在一定的范围内，使得某种离子还原析出，而其他离子保留在溶液中，达到分离和测定金属离子的目的。恒电位电解仪装置如图 8－2 所示，在电解过程中，阴极电位可用电位计准

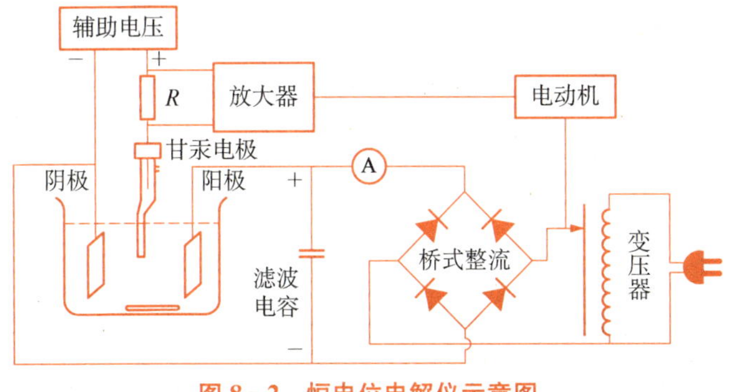

图 8－2　恒电位电解仪示意图

确测量，可通过可变电阻 R 调节施加于电解池的电压，使阴极电位保持在特定数值或某一范围内。其优点是有选择性，用途比控制电流电解分析广泛，电解时间短。

8.2.3 控制电位库仑分析法

控制电位库仑分析是控制电位电解分析的一种特殊形式，也是采用控制电极电位的方式电解。最常用的库仑计有银库仑计、氢氧库仑计和电子库仑计。

8.2.4 恒电流库仑滴定法

恒电流库仑滴定法又称库仑滴定法，它是建立在控制电流电解过程的库仑分析方法。恒电流库仑滴定装置主要包括电解系统和指示系统两部分，其装置如图 8－3 所示。

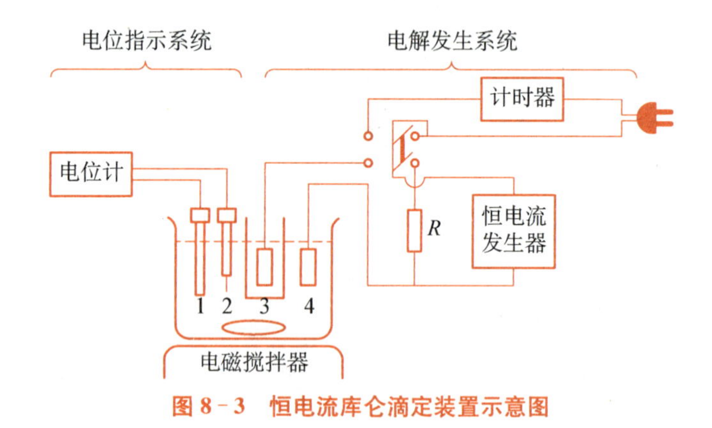

图 8－3 恒电流库仑滴定装置示意图

8.3 实验部分

实验 13 恒电流电解分析法测定纯铜样品中铜的含量

一、实验目的

（1）掌握恒电流电解分析法的基本原理和纯铜样品中铜含量的测定方法。

（2）掌握恒电流电解仪的工作原理及其正确使用方法。

二、实验原理

在硝酸介质中，通过不断调节外加电压，以控制电流电解硫酸铜溶液，螺旋状铂丝阳极上发生氧化反应，铂网阴极上发生还原反应，

$$H_2O = 1/2O_2 + 2H^+ + 2e \qquad (阳极)$$

$$Cu^{2+} + 2e = Cu \qquad (阴极)$$

电解终止后，铂网电极用去离子水和无水乙醇洗涤、干燥、冷却后称量，求得试样中铜的含量。

三、仪器与试剂

1. 仪器

恒电流电解仪，分析天平，烘箱。

2. 试剂

无水乙醇，硝酸(1+1)，混合酸(硝酸与硫酸)，去离子水。

四、实验步骤

1. 试样的溶解

准确称取 2.0 g 纯铜试样置于 250 mL 烧杯中，加入混合酸 40 mL，低温加热至试样完全溶解，煮沸驱净氮的氧化物后取下冷却。加入(1+1)硝酸 10 mL，加去离子水稀释至 150 mL，以备电解使用。

2. 电极的制备

将网状铂阴极及螺旋状铂阳极置于(1+1)硝酸中煮沸 5 min 后取出，用去离子水冲洗干净。将铂阴极置于沸水中 1～2 min 后取出，以无水乙醇浸洗，取出后再以无水乙醇浸洗，静置于洁净的表面皿上，放入烘箱内于 105℃ 烘至恒重，记下质量。

3. 仪器的准备

恒电流电解仪由直流电流和交流电路两部分组成，直流电路是进行电解的电路和装置，一般包括直流电源接线柱、电流控制旋钮、读数电流表、电极接线柱。

4. 电解操作

(1) 将试液预先加热至 40～60℃，将烧杯置于电极下方，抬高烧杯使电极浸

没试液至网状电极露出液面约 1 cm 处，用带有加热电炉的托盘托住烧杯，并用两个半圆表面皿盖住试液。

(2) 打开直流电源开关，调节电解电流为 2 A(用电流控制旋钮)。

(3) 开启搅拌开关。

(4) 电解过程中如电流有变动，应及时调整电解电流至 2 A，并使溶液的温度保持在 40～60℃。

(5) 待溶液的淡蓝色全部消失后，将电解电流降为 0.5 A，用去离子水冲洗表面皿和烧杯内壁，加去离子水 20 mL，使部分裸露的电极表面浸入溶液中，继续电解 10 min。如果新浸没的电极部分不再析出铜，表示电解完毕。

(6) 关闭搅拌器，在切断直流电源的情况下，取下盛试液的烧杯，并以盛有去离子水的烧杯浸洗电极 2～3 次。

(7) 切断直流电源和交流电源，小心取下阴极和阳极。用去离子水洗涤阴极，并用无水乙醇浸洗。将阴极置于洁净的表面皿上，放入烘箱于 105℃烘至恒重，记下质量。

(8) 测量完毕，将阴极浸入(1＋1)硝酸溶液中，并加热使铜溶解完全，然后洗净、烘干、称重。此称重结果应与使用前质量完全相同。

五、数据处理

根据称量结果计算样品中铜的含量。

六、注意事项

(1) 取下铂阴极时一定要小心，以防在洗涤、烘干及称重等操作过程中沉积物脱落。

(2) 在精确分析时，将电解后的试液再用原子吸收光谱法或紫外-可见分光光度法测定试液中残存的微量铜，然后将测量结果与电解分析结果进行比较。

七、思考与分析

(1) 为何要选择在硝酸介质中电解铜离子？

(2) 电解结束后，为什么必须在电极离开液面后才能切断电解电源？

实验 14　恒电流库仑滴定法测定亚砷酸盐

一、实验目的

（1）掌握库仑滴定仪的工作原理及正确使用方法。

（2）掌握库仑滴定法测定亚砷酸盐及死停终点法指示库仑滴定终点的方法。

二、实验原理

本实验以电解产生的 Br_2 来滴定 As(Ⅲ)。在酸性介质中，以恒电流电解存在溴化钾的亚砷酸盐溶液时，电极上产生如下反应：

$$2Br^- = Br_2 + 2e(\text{阳极})$$

$$2H^+ + 2e = H_2(\text{阴极})$$

阳极所产生的 Br_2 又能将亚砷酸盐迅速定量地氧化成砷酸盐，反应式为

$$Br_2 + AsO_3^{3-} + H_2O = 2Br^- + 2H^+ + AsO_4^{3-}$$

本实验采用死停终点法指示滴定的终点，由电解时间和电解电流的大小按法拉第电解定律计算溶液中亚砷酸盐的浓度。

三、仪器与试剂

1. 仪器

HDK－1 型恒电流库仑仪；电解电极，工作电极为铂片，辅助电极为砂芯隔离的铂丝；指示电极，采用两个相同的微铂片组成；磁力搅拌器；计时器。

2. 试剂

稀硫酸，溴化钾溶液，(1＋1)硝酸。

四、实验步骤

（1）将铂电极置于热(1＋1)硝酸中浸数分钟，再用去离子水冲洗干净，对铂电极进行预处理。

（2）在电解池中，加入 1 mol/L 的硫酸溶液 10 mL、2 mol/L 的 KBr 溶液 10 mL，用去离子水稀释至 100 mL。用吸管吸取少量电解池中的电解液于辅助电极的玻璃管中，将电极插入电解池中。准确移取 10.00 mL 未知溶液于该电

解池中，加入一搅拌磁转子。

（3）按实验装置接好仪器与电极的连线，接通恒电流库仑仪电源。

（4）选择极化电压为0.2 V，电解电流为6 mA，调节合适的搅拌速度。按仪器操作步骤进行电解，记下电解时间。

（5）再次准确移取10.00 mL试液，按步骤（4）进行测定。重复测定3次。

（6）测量完毕，关闭恒电流库仑仪电源。洗净电极并浸在去离子水中。

五、数据处理

（1）求出平均电解时间与标准偏差。

（2）根据平均电解时间，利用法拉第电解定律计算出未知溶液中亚砷酸盐的浓度。

六、注意事项

（1）取下铂阴极时一定要小心，以防在洗涤、烘干及称重等操作过程中沉积物脱落。

（2）在电解过程中，电解电极与指示电极应保持一致。

七、思考与分析

（1）本实验电解必须在酸性介质中进行，若将电解溶液的pH值提高，将对实验产生什么影响？

（2）是否所有的氧化还原恒电流库仑滴定，都可以采用死停终点法指示滴定终点？

第9章

极谱与伏安分析法

极谱法和伏安法是特殊的电解方法，这两种方法的特点是工作电极面积较小，分析物的浓度也较小，浓差极化现象比较明显。极谱分析法是以滴汞电极作工作电极电解被分析物质的稀溶液，根据电流-电压曲线进行分析。若工作电极为固态电极(玻璃电极、汞膜电极等)，则称为伏安法。

极谱分析法现已发展并出现单扫描示波极谱、交流极谱、脉冲极谱、溶出伏安和极谱催化波等现代极谱法。

9.1 基本原理

9.1.1 极谱法基本原理

图 9－1 所示电解装置在某些方面要比一般的电解装置特殊。极谱分析是一种在特殊条件下进行的电解分析，其实验装置与一般电解装置大体相似，主要包括 3 个部分：第 1 部分是提供可变外加电压的装置；第 2 部分是指示电压改变过程中进行电解时流过电解池电流变化的装置；第 3 部分是电解池。极谱分析与电解分析两种装置的不同之处主要在于两个电极：极谱分析使用的两个电极一般都是汞电极，其中一个是电极面积很小的滴汞电极(为工作电极)；另一个是面积很大的汞电极或电位恒

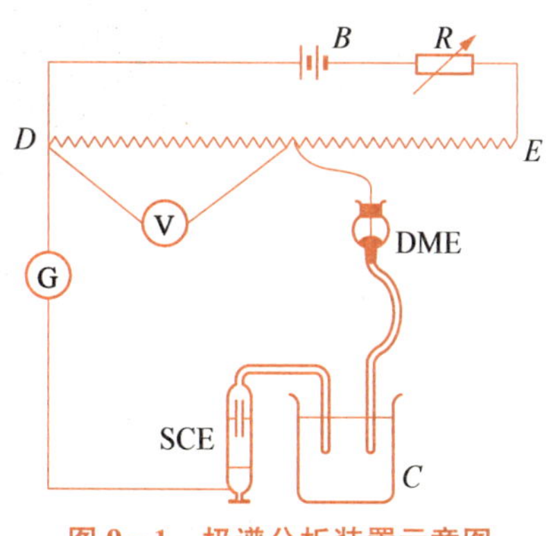

图 9－1 极谱分析装置示意图

定的饱和甘汞电极(为参比电极)。极谱法是通过获得的电流-电压曲线(即极谱波或极谱图)来进行分析测定的。

9.1.2　溶出伏安法基本原理

伏安法是电解富集和溶出测定相结合的一种电化学测定方法。首先将工作电极固定在产生极限电流的电位进行电解,使被测物质富集在电极上,然后反方向改变电位,让富集在电极上的物质重新溶出。溶出伏安法按照溶出时工作电极发生氧化反应或还原反应,可以分为阳极溶出伏安法和阴极溶出伏安法。

9.2　仪器装置

CHI660E 系列为通用电化学测量系统,如图 9-2 所示。仪器内含快速数字信号发生器(用于高频交流阻抗测量的直接数字信号合成)、双通道高速数据采集系统、电位电流信号滤波器、多级信号增益、iR 降补偿电路,以及恒电位仪/恒电流仪(660E)。电位范围为±10 V,电流范围为±250 mA。

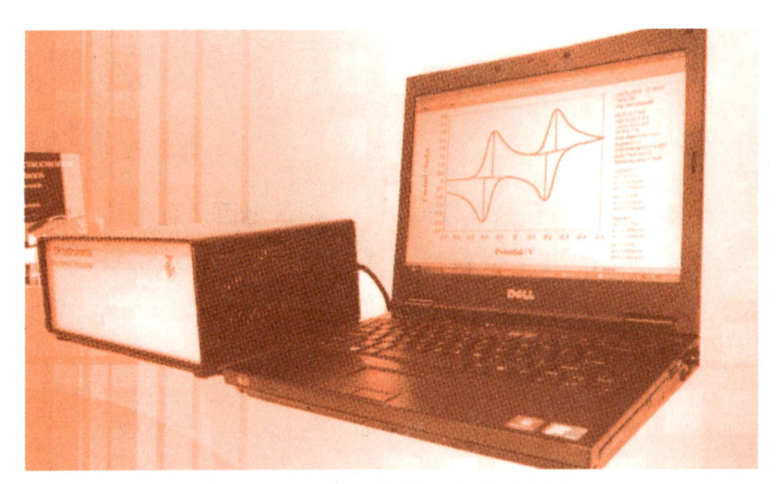

图 9-2　CHI660E 型电化学工作站

电流测量下限低于 10 pA。可直接用于超微电极的稳态电流测量;如果与 CHI200B 微电流放大器及屏蔽箱连接,可测量 1 pA 或更低的电流;如果与 CHI680C 大电流放大器连接,电流范围可拓宽为±2 A。

CHI600E 系列也是十分快速的仪器。信号发生器的更新速率为 10 MHz，数据采集采用两个同步 16 位高分辨低噪声的模数转换器，双通道同时采样的最高速率为 1 MHz。双通道同步电流电位采样可加快阻抗测量的速度。某些实验方法的时间尺度可达 10 个数量级，动态范围极宽。循环伏安法的扫描速度为 1 000 V/s 时，电位增量仅为 0.1 mV；当扫描速度为 5 000 V/s 时，电位增量为 1 mV。交流阻抗的测量频率可达 1 MHz，交流伏安法的频率可达 10 KHz。

仪器可工作于二、三或四电极的方式。四电极可用于液-液界面电化学测量，对于大电流或低阻抗电解池（如电池）十分重要，可消除由于电缆和接触电阻引起的测量误差。仪器还有外部信号输入通道，同步 16 位高分辨采样的最高速率为 1 MHz。可在记录电化学信号的同时记录外部输入的电压信号（如光谱信号等），这对光谱电化学等实验极为方便。

9.3　实验部分

实验 15　循环伏安法测定铁氰化钾

一、实验目的

(1) 学习固体电极表面的处理方法。

(2) 掌握循环伏安法的使用技术。

(3) 了解扫描速率和浓度对循环伏安图的影响。

二、实验原理

铁氰化钾离子 $[Fe(CN)_6]^{3-}$-亚铁氰化钾离子 $[Fe(CN)_6]^{4-}$ 氧化还原电对的标准电极电位为

$$[Fe(CN)_6]^{3-} + e^- = [Fe(CN)_6]^{4-} \quad \varphi^\theta = 0.36\ V(vs.\ NHE)$$

电极电位与电极表面活度的能斯特方程式为

$$\varphi = \varphi' + RT/F\ln(C_{Ox}/C_{Red}) \tag{9-1}$$

在一定扫描速率下，从起始电位（−0.2 V）正向扫描到转折电位（0.6 V）期间，溶液中 $[Fe(CN)_6]^{4-}$ 被氧化生成 $[Fe(CN)_6]^{3-}$，产生氧化电流；当负向扫描从转折电位(0.6 V)变为原起始电位(−0.2 V)期间，在指示电极表面生成的$[Fe(CN)_6]^{3-}$被还原生成$[Fe(CN)_6]^{4-}$，产生还原电流。为了使液相传质过程只受扩散控制，应在加入电解质和溶液处于静止下进行电解。在0.1 mol/L的NaCl溶液中，$[Fe(CN)_6]^{3-}$的扩散系数为0.63×10^{-5} cm·s^{-1}；电子转移速率大，为可逆体系(1 mol/L的NaCl溶液中25℃时的标准反应速率常数为5.2×10^{-2} cm·s^{-1})。溶液中的溶解氧具有电活性，可以通入惰性气体去除。

三、仪器和试剂

1. 仪器

CHI660E型电化学工作站(上海辰华仪器公司)；玻碳电极，铂丝电极，银与氯化银电极；电解池，移液管等。

2. 试剂

1.0×10^{-3} mol/L的$K_3[Fe(CN)_6]$，0.200 mol/L的KNO_3。

四、实验步骤

1. 指示电极的预处理

玻碳电极用Al_2O_3粉末(粒径0.05 μm)将电极表面抛光，然后用蒸馏水清洗。

2. 支持电解质的循环伏安图

在电解池中放入0.2 mol/L的KNO_3溶液3.0 mL，插入电极，以新处理的铂电极为指示电极、铂丝电极为辅助电极、饱和甘汞电极为参比电极，进行循环伏安仪设定，扫描速率为50 mV/s，起始电位为−0.2 V，终止电位为+0.6 V。开始循环伏安扫描，记录循环伏安图。

3. $K_3[Fe(CN)_6]$溶液的循环伏安图

分别加入0.5×10^{-3} mg/mL、1.0×10^{-3} mg/mL、1.5×10^{-3} mg/mL、2.0×10^{-3} mg/mL的$K_3[Fe(CN)_6]$溶液(均含支持电解质KNO_3，浓度为0.20 mol/L)，扫描并记录循环伏安图。

4. 不同扫描速率$K_3[Fe(CN)_6]$溶液的循环伏安图

在加入2.0 mL的$K_3[Fe(CN)_6]$溶液中，分别以10 mV/s、100 mV/s、150 mV/s、200 mV/s的不同扫描速率、在−0.2～+0.6 V电位范围内扫描，分别记录循环伏安图。

五、数据处理

（1）将实验测得的峰高、峰电流、峰电压记录在表9-1中。

表9-1　实验数据记录表

$K_3[Fe(CN)_6]$的浓度				
氧化电流（μA）				
还原电流（μA）				
i_{pc}/i_{pa}				

（2）分别以氧化电流和还原电流对$K_3[Fe(CN)_6]$溶液浓度作图。

（3）电解过程可逆性判断：由实验记录表9-1的$\Delta\Phi$值与$2.3RT/zF$值进行比较，可知该实验的电解过程是可逆的。

（4）实验总结：

① 电流与浓度是否成正比？

② 电流与扫描速率的1/2次方是否成正比？

③ 实验的电解过程是否可逆？

六、注意事项

（1）为了使液相传质过程只受扩散控制，应在加入电解质和溶液处于静止条件下进行电解。

（2）实验前电极表面要处理干净，并且扫描过程保持溶液静止。

七、思考与分析

（1）在循环伏安法中，峰电流与峰电位与哪些因素有关？

（2）为什么实验过程中，溶液应保持静止状态？

*实验16　石墨烯-离子液体修饰玻碳电极同时测定矿石中的铅和镉

一、实验目的

（1）学习固体电极表面的处理方法。

(2) 掌握新型材料修饰电极的方法。

(3) 掌握循环伏安法与差分脉冲伏安方法的应用。

二、实验原理

将石墨烯分散液滴涂在玻碳电极表面(GR/GCE),然后将离子液体(1-辛基-3-甲基咪唑六氟磷酸盐)电聚合在GR/GCE电极表面,制得$OMIMOF_6$/GR/GCE电极。利用差分脉冲伏安法测定矿石中的Pb^{2+}和Cd^{2+}。

三、仪器与试剂

1. 仪器

CHI660E型电化学工作站(上海辰华仪器公司);PP-15型酸度计(赛多利斯科学仪器北京有限公司);ES电子天平(赛多利斯科学仪器北京有限公司);HK-100B型超声清洗机(无锡超声电子设备厂);三电极体系:工作电极为3 mm玻碳电极(GCE);参比电极为饱和银/氯化银电极;辅助电极为铂丝电极(上海辰华仪器公司)。

2. 试剂

2.0 mg/mL石墨烯、0.005 mol/L1-辛基-3-甲基咪唑六氟磷酸盐($OMIMPF_6$,99.9%)、氯化铅(分析纯)、氯化镉(分析纯);系列pH值的醋酸-醋酸钠(HAc-NaAc)0.1 mol/L缓冲溶液。准确称取0.027 8 g的$PbCl_2$固体和0.018 8 g的$CdCl_2$固体于烧杯中,加入蒸馏水使其溶解,定容至100 mL容量瓶,配成10^{-3} mol/L的Pb^{2+}、Cd^{2+}标准混合溶液,其他浓度均稀释所得。实验用水均为二次蒸馏水。

四、实验步骤

1. 玻碳电极的预处理

将裸电极(直径3 mm)分别用0.3 μm和0.05 μm的Al_2O_3粉打磨抛光,然后分别用二次蒸馏水、HNO_3(1+1)、无水乙醇超声清洗,每次2 min,重复两次,洗净后自然晾干,备用。

2. 修饰电极的制备

准确移取2.0 mg/mL的石墨烯(GR)分散液滴4 μL在玻碳电极的表面,于30℃烘干,制得GR/GCE电极。将制备好的GR/GCE电极置于含0.005 mol/L的1-辛基-3-甲基咪唑六氟磷酸盐的9.8% H_2SO_4溶液中,以银/氯化银为参比电极、铂丝电极为辅助电极，扫描速度为100 mV/s，在(－0.5～2.0 V)范围内采用循环伏安法连续扫描30圈，获得$OMIMPF_6$/GR/GCE电极，置于烘箱中烘干，备用。

3. Pb^{2+}和Cd^{2+}在电极上的电化学行为

以$OMIMPF_6$/GR/GCE修饰电极为工作电极、银/氯化银为参比电极、铂丝电极为辅助电极。准确移取1.0×10^{-4} mol/L的Pb^{2+}和Cd^{2+}混合标准溶液1.0 mL至9.0 mL的0.10 mol/L HAc - NaAc缓冲溶液(pH值为4.5)中。采用差分脉冲伏安法在－1.4～－0.2 V范围内进行扫描。

4. 干扰实验

在最佳实验条件下，在1.0×10^{-5} mol/L的Pb^{2+}和Cd^{2+}混合标准溶液中分别加入其他常见共存离子，考察其对Pb^{2+}和Cd^{2+}溶出峰电流的影响。

5. 线性范围、检出限及稳定性

准确移取不同浓度Pb^{2+}及Cd^{2+}的标准混合液。采用$OMIMPF_6$/GR/GCE为工作电极，利用差分脉冲方法测定Pb^{2+}及Cd^{2+}。同时，在最优化条件下，以1.0×10^{-5} mol/L的Pb^{2+}和Cd^{2+}混合标准溶液连续测定9次，考察修饰电极的重现性与稳定性。

6. 样品分析及回收率实验

将矿石碾磨成粉末，准确称取0.1 g(精确至0.000 1 g)样品于聚四氟乙烯坩埚内，分别加入3.0 mL硝酸、0.5 mL高氯酸、少量的氢氟酸进行电热消解。待消解完成后，用水定容至50 mL，按建立的实验方法检测Pb^{2+}及Cd^{2+}，同时做回收率实验。

五、数据处理

(1) 通过实验数据计算线性方程及相关系数，并计算其检测限。

(2) 通过样品分析，计算样品中待测物质的含量，并通过加标实验，计算其回收率。

(3) 通过多次连续测定结果，计算RSD。

六、注意事项

(1) 实验前电极表面要处理干净，达到一定效果后才能进行修饰电极实验。

(2) 实验前电极表面要处理干净，并且扫描过程保持溶液静止。

(3) 样品处理时应注意安全问题。

七、思考与分析

（1）石墨烯材料具有什么优点与性能？

（2）为什么制备的复合材料能提高检测灵敏度？

第10章 气相色谱法

气相色谱法(gas chromatography, GC)是英国生物化学家 Martin 等在液液分配色谱的基础上创建的一种以气体为流动相的色谱分离技术。目前,用于做流动相的气体一般为惰性气体(如 N_2、He、Ar 等)。气相色谱是一种在有机化学中对易于挥发而不发生分解的化合物进行分离与分析的色谱技术。

柱内的固定相分为两类:一类是涂敷在惰性载体上有机化合物,它们的沸点较高,在较高柱温下可呈液态,或本身就是液体,采用这类固定相的方法称为气液色谱法;另一类是活性吸附剂(分子筛等),采用这类固定相的方法称为气固色谱法。

10.1 基本原理

气相色谱系统由盛在管柱内的吸附剂或惰性固体上涂着液体的固定相和不断通过管柱气体的流动相组成。将欲分离、分析的样品从管柱一端加入后,由于固定相对样品中各组分吸附或溶解能力不同,即各组分在固定相和流动相之间的分配系数有差别,当组分在两相中反复多次进行分配并随移动相向前移动时,各组分沿管柱运动的速度就不同,分配系数小的组分被固定相滞留的时间短,能较快地从色谱柱末端流出。以各组分从柱末端流出的浓度 c 对进样后的时间 t 作图,得到的图称为色谱图。当色谱过程为冲洗法方式时,色谱图如图 10-1 所示。从色谱图可知,组分在进样后至其最大浓度流出色谱柱时所需的保留时间为 t_R,组分通过色谱柱空间的时间为 t_0,组分在柱中被滞留的调整保留时间为 t'_R,三者关系如下:

$$t'_R = t_R - t_0$$

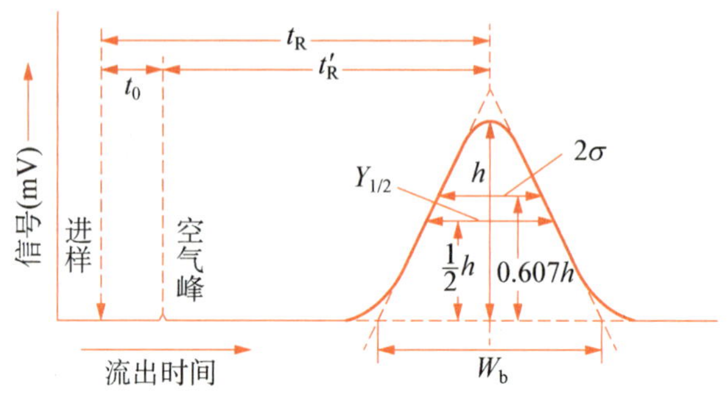

图 10-1　气相色谱流出曲线图

上式中 t'_R 与 t_0 的比值表示组分在固定相中比在移动相中的滞留时间长多少倍，称为容量因子 k。

从色谱图还可以看到从柱后流出的色谱峰不是矩形，而是一条近似高斯分布的曲线，这是由于组分在色谱柱中移动时存在涡流扩散、纵向扩散和传质阻力等因素，因而造成区域扩张。在色谱柱内固定相有两种存放方式：一种是柱内盛放颗粒状吸附剂，或盛放涂敷有固定液的惰性固体颗粒；另一种是把固定液涂敷或化学交联于毛细管柱的内壁。用前一种方法制备的色谱柱称为填充色谱柱，用后一种方法制备的色谱柱称为毛细管色谱柱(或称开管柱)。

10.2　仪器装置

气相色谱仪的型号和种类较多，一般都是由气路系统、进样系统、色谱柱、温度控制系统、检测器、记录仪等部分组成，如图 10-2 所示。

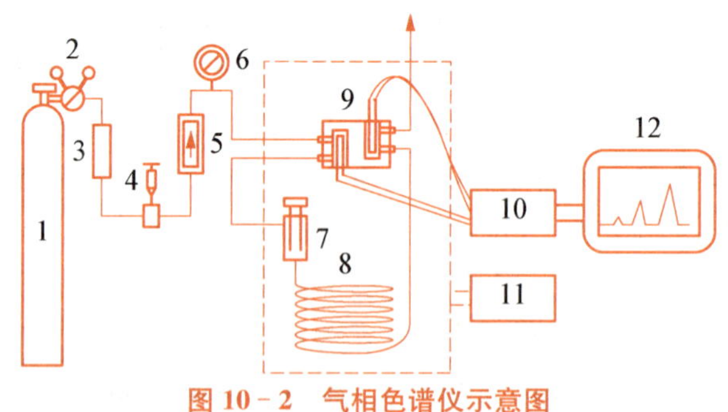

图 10-2　气相色谱仪示意图

1. 气瓶；2. 减压阀；3. 净化器；4. 气流调节阀；5. 转子流速计；6. 压力表；7. 气化室；8. 色谱柱；9. 检测器；10. 放大器；11. 数据系统；12. 记录仪。

10.2.1　载气系统

载气系统主要包括气源、净化干燥管和载气流速控制。常用的载气有氢气、氮气、氦气。净化干燥管可以去除载气中的水、有机物等杂质(载气依次通过分子筛、活性炭等)。载气流速控制由压力表、流量计、针形稳压阀组成,控制载气流速恒定。

10.2.2　进样系统

进样是用注射器将样品迅速而定量地注入气化室,再被载气带入柱内分离。要想获得良好分离,进样速度应极快,样品应在气化室内瞬间气化。进样时间的长短和进样的准确性对色谱分离效率和结果的准确性影响极大。常用的进样装置有注射器和六通阀。

10.2.3　分离系统

分离系统的核心是色谱柱,也是色谱仪的心脏。柱由柱管和固定相组成。色谱柱分为填充柱和毛细管柱两类。

填充柱由不锈钢或玻璃材料制成,一般内径为 2～4 mm,长为 1～10 m。形状有 U 形或螺旋形两种,常用的是螺旋形。固定相紧密而均匀地填装在柱内。填充柱制备简单,可供选择的固定相种类多,柱容量大。

毛细管柱又称空心柱,可分为填充柱型和开管柱型两类,毛细管材料可以是不锈钢、玻璃和石英,柱内径一般小于 1 mm。毛细管渗透性好,传质阻力小,柱长可达几十米甚至几百米。毛细管柱分辨率高,分析速度快,试样用量小;缺点是柱容量小,对检测器的灵敏度要求高。

10.2.4　温度控制系统

温度控制系统是指对气相色谱的汽化室、色谱柱和检测器进行温度控制的装置。在气相色谱测定时,柱温改变会引起分配系数变化,这种变化会对色谱分离的选择性和柱效产生影响,而检测器的温度直接影响检测器的灵敏度和稳定性,所以,应严格控制色谱仪的温度。

10.2.5　检测记录系统

气相色谱检测器是一种指示并测量载气中各组分及其浓度变化的装置。它能将检测组分及其浓度变化以不同方式转换为易于测量的电信号。检测记录系统包括检测器、放大器和记录仪，现在已经基本采用安装色谱工作站的计算机系统来充当，不仅可对色谱仪进行实时控制，还可自动采集数据和完成数据处理。

10.3 实验部分

实验 17 流动相速度对柱效的影响

一、实验目的

(1) 熟悉理论塔板数及理论塔板高度的概念及计算方法。

(2) 绘制 $H-u$ 曲线，深入理解流动相速度对柱效的影响。

二、实验原理

在选择好固定液并制备好色谱柱后，必须要测定柱的效率。表示柱效的色谱参数是理论塔板数(n)和理论塔板高度(H)。计算 n 和 H 的一种方法如下：

$$n = 16(t_r/w_b)^2 \tag{10-1}$$

$$H = L/n \tag{10-2}$$

上式中 t_r 为组分的保留时间，w_b 为峰底宽，L 为柱长。

对气相色谱来说，有许多实验参数会影响 H 值大小。对给定的色谱柱来说，当其他实验条件不变时，流动相线速度(u)对 H 的影响可由实验测得。将 u 以外的参数视为常数，H 与 u 的关系可用简化的范氏方程来表示：

$$H = A + B/u + Cu \tag{10-3}$$

上式中 A、B、C 为常数，这 3 项分别代表涡流扩散、纵向分子扩散及两相间传质阻力对 H 的贡献。如果 u 过小，组分分子在流动相中的扩散加剧；如果 u 过大，组分在两相中传质阻力增加。两者均导致柱效下降。显然，u 在合适的流速下，可以兼顾分子扩散和传质阻力对 H 的贡献，柱效最高，H 值最小。此流速称为最佳流速(U_{opt})，相应的 H 值称为最小理论塔板高度(H_{min})。

三、仪器与试剂

1. 仪器

气相色谱仪-氢火焰离子化检测器及热导检测器(日本岛津公司);色谱柱;邻苯二甲酸二壬酯;微量注射器;秒表。

2. 试剂

正己烷。

四、实验步骤

(1) 开启氢气钢瓶和载气稳压阀,使载气(H_2)通过色谱仪。按照说明书操作使仪器正常运行,并将有关旋钮及表头指示下列条件:柱温及热导检测器温度为80℃,气化温度为80℃左右,热导池电流为120 mA。

(2) 调节载气流速至某值,待基线稳定后,注入0.5 μL正己烷,记录保留时间。再注入0.1 mL正己烷,记录保留时间,并计算流动相的线速度。

(3) 改变5种不同流速,进行实验操作。每改变一种流速后,按步骤(2)进行。

(4) 实验结束后,按照说明书关闭仪器。

五、数据处理

(1) 作出$H-u$图,并求出最佳线速度及最小理论塔板高度。

(2) 对比不同组实验数据,并加以比较与讨论。

六、注意事项

(1) 必须先通入载气,再开电源。实验结束时,应先关掉电源,再关载气。

(2) 旋动色谱仪旋钮及阀门时必须缓慢。

(3) 每调整一次流速,必须间隔一定时间,待基线稳定后再进样。

(4) 若色谱峰过大或过小,应利用相应旋钮调整。

七、思考与分析

(1) 过高或过低的流动相速度为什么都会使柱效下降?

(2) 若载气换成N_2,$H-u$图有何变化?解释其原因。

*实验18 毛细管气相色谱法同时测定土壤中多种有机氯及拟除虫菊酯类农药残留量

一、实验目的

(1) 熟悉气相色谱仪的使用。

(2) 掌握气相色谱法分离分析农药残留。

(3) 掌握定量分析的基本方法。

二、实验原理

土壤样品经超声波提取、净化后，用带电子捕获检测器的气相色谱仪进行分离检测，用标准曲线法进行定量分析。

三、仪器与试剂

1. 仪器

安捷伦6890A型气相色谱仪，带有电子捕获检测器(^{63}Ni-ECD)、电子流量控制、安捷伦7683型自动进样器；RE-52A型旋转蒸发器(上海亚荣生化仪器厂)；LD5-2A型电动离心机(北京医用离心机厂)；DSY-Ⅱ型自动浓缩仪(北京金科精华苑技术研究所)；调速多功能振荡器；AS20500型超声波提取器；玻璃层析净化柱(2.4 cm×30 cm)。

2. 试剂

(1) 有机农药标准溶液(石油醚溶剂)，包括α-六六六(α-BHC)、β-六六六(β-BHC)、γ-六六六(γ-BHC)、δ-六六六(δ-BHC)、p, p-滴滴伊(p, p′-DDE)、p, p-滴滴滴(P, P′-DDD)、p, p-滴滴涕(P, P′-DDT)、o, p-滴滴涕(o, p′-DDT)、七氯(Heptachlor)、艾氏剂(Aldrin)、狄氏剂(Dieldrin)、异狄氏剂(Endrin)、联苯菊酯(Bifenthrin)、甲氰菊酯(Fenpropathrin)、三氟氯氰菊酯(λ-Cyhalothrin)、氯菊酯(Permethrin)、氰戊菊酯(Fenvalerate)、高氰戊菊酯(s-Fenvalerate)。以上标准品均由农业部环境保护科研监测所研制(浓度均为100 μg/mL)。

(2) 正己烷、丙酮、石油醚均为分析纯，使用前重蒸；无水硫酸钠在650℃马弗炉中灼烧4 h，备用；弗罗里土在650℃马弗炉中灼烧3 h，然后在130℃活化后使用。

四、实验步骤

1. 色谱条件的选择

选用 HP－1701 毛细管柱(30.0 m×0.25 mm×0.25 μm)；进样口温度：240℃；检测器(ECD)温度：300℃；载气 N_2 流量为 1.4 mL/min(恒流)；不分流进样；尾吹气为 N_2，流量为 60 mL/min；进样 1 μL。升温程序如下：

$$90℃(2\ \text{min}) \xrightarrow{10℃/\text{min}} 270℃(20\ \text{min})$$

2. 样品处理

准确称取 5.000 g 土壤样品放入 50 mL 离心管中，加入 5 mL 的石油醚-丙酮(3∶1)提取剂，置于超声波提取器中超声提取 30 min，于 3 600 r/min 离心 8 min，小心移取上层有机相于 20 mL 离心管中。重复提取 3 次，合并有机相，在自动浓缩仪上浓缩至约 2 mL，待过柱净化。在 2.4 cm×30 cm 玻璃层析净化柱内，放入少许脱脂棉，加入 1 cm 左右无水硫酸钠、4 g 弗罗里土吸附剂、0.3 g 活性炭，再加入 1 cm 左右无水硫酸钠，敲实。用 20 mL 石油醚对层析柱进行预淋洗，待石油醚液面接近上层无水硫酸钠时，将浓缩液转移至层析柱中。并分别用 2 mL 石油醚洗涤浓缩瓶 3 次，洗涤液并入层析柱中。以石油醚-丙酮(3∶1)40 mL 淋洗液淋洗层析柱，合并淋洗液于旋转蒸发器的浓缩瓶中，在 50℃下旋转蒸发浓缩至近干，用正己烷定容至 1 mL，待测。

3. 标准曲线的绘制

将混合农药标准储备液用石油醚分别稀释为 0.01 μg/mL、0.02 μg/mL、0.05 μg/mL、0.10 μg/mL、0.20 μg/mL、0.50 μg/mL、1.0 μg/mL 标准工作液，按选定的实验方法进行气相色谱测定，以吸收峰面积(A)对浓度(C)作标准曲线。

4. 回收率实验

在土壤样品中分别加入 50 μL、100 μL、500 μL 混合农药标准储备液(1.00 μg/mL)，按选定的实验方法进行提取、净化和检测。每个水平重复实验 5 次，计算各种农药的平均回收率及相对标准偏差。

5. 样品分析

按照实验方法，对土壤中有机氯及拟除虫菊酯类农药进行测定，样品色谱图中各峰通过保留时间与农药标准谱图进行对比。

五、数据处理

（1）确定样品中测定组分的色谱峰。

（2）绘制各组分的标准曲线。

（3）计算回收率，并通过标准曲线法进行定量分析，得出样品中各组分含量。

六、注意事项

（1）在样品处理过程中，应严格按实验程序进行。

（2）仪器操作时应遵守仪器操作流程。

七、思考与分析

（1）对环境中农药残留的测定有什么意义？

（2）测定农药残留的方法还有哪些？它们各有什么优点？

第11章
高效液相色谱法

高效液相色谱(high performance liquid chromatography, HPLC)是20世纪60年代末、70年代初发展起来的一种新型分离分析技术。它是在经典液相色谱的基础上,引入气相色谱理论,采用高压泵、高效固定相和高灵敏度检测器等先进技术发展而来。因此,高效液相色谱具有分析速度快、分离效率高、灵敏度高、操作自动化和应用范围广等优点。随着各种新型色谱分离材料和柱技术的发展,以及各种分离模式和联用技术的发展,高效液相色谱已成为人们认识客观世界必不可少的工具,为解决化学、化工、生物、医药、环境、食品等领域中复杂试样的分离分析和分离纯化提供了重要的手段。

11.1 基本原理

与气相色谱不同,高效液相色谱采用液体作为流动相,利用物质在固定相和流动相两相中吸附或分配系数的微小差异来达到分离的目的。当两相作相对移动时,被测物质在两相之间进行反复多次的分配,这样原来的微小性质差异被放大,使各组分分离,达到分离、分析及测定的目的。高效液相色谱法可依据溶质在固定相和流动相分离过程的物理化学原理,分为吸附色谱、分配色谱、离子色谱、体积排阻色谱、亲和色谱。

11.2 仪器装置

高效液相色谱仪主要包括高压输液系统、进样系统、分离系统、检测系统。此外,还有梯度洗脱、自动进样及数据处理系统等辅助装置。其工作流程如

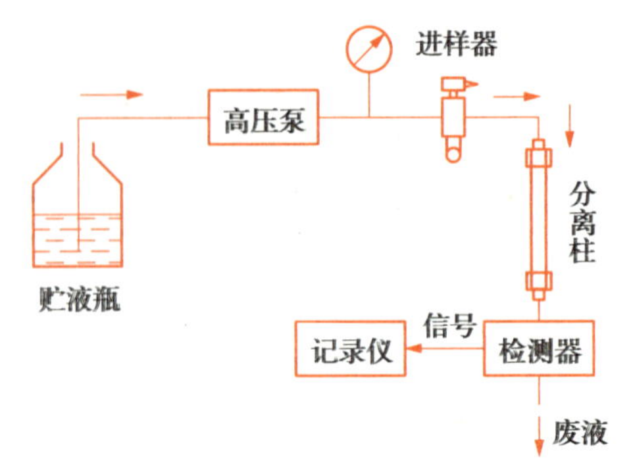

图 11－1 高效液相色谱仪装置图

图 11－1 所示。

11.2.1 高压输液系统

高效液相色谱流动相液相黏度比气体大，且柱内固定相颗粒极细，因此，对流动相的阻力大。为了保证流动相能快速地流出，高压输液系统成为必配。高压输液系统由流动相储液器、高压泵、脱气器和梯度洗脱装置组成。

在高效液相色谱中，一般采用旋转式高压六通阀。图 11－2 为六通进样阀工作示意图。当样阀处于吸液位置时，流动相由泵带入，直接通过孔 2 和 3 进入色谱柱。

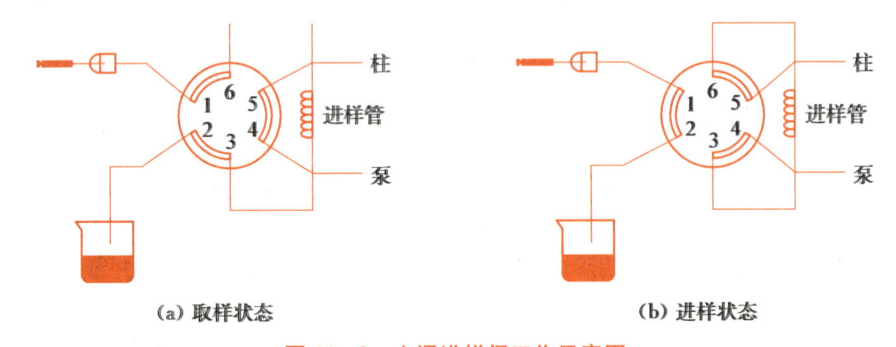

图 11－2 六通进样阀工作示意图

11.2.2 分离系统

色谱柱是高效液相色谱的核心部件，其质量优劣将直接影响分离效果。液相色谱柱包括柱管和固定相两部分。柱管一般采用内壁抛光的优质不锈钢或铝等金属材料。柱管填充得好坏对柱效影响很大，如填料颗粒间不均匀、不密实等，会导致柱效下降。

11.2.3 检测系统

高效液相色谱检测器要求具有灵敏度高、噪声低、线性范围宽、响应快、死体积小等特点，且对温度和流量的变化不敏感。目前，液相色谱常用的检测器有紫外吸收检测器、荧光检测器、示差折光检测器、蒸发光散射检测器、电化学检测器和质谱器等。

11.3 实验部分

实验 19 HPLC 法测定抗坏血酸的含量

一、实验目的

(1) 学习液相色谱的基本原理及基本操作。

(2) 掌握液相色谱分析方法基本思路，理解色谱分析方法。

二、实验原理

高效液相色谱在流动相的作用下，样品进入色谱柱进行分离，通过保留时间进行定性分析、峰面积进行定量分析。

三、仪器与试剂

1. 仪器

安捷伦 1220 型液相色谱仪，紫外检测器，微量注射器，纯水机。

2. 试剂

抗坏血酸，甲醇。

四、实验步骤

1. 色谱条件设置

安捷伦 1220 型液相色谱仪，紫外检测器，色谱柱为安捷伦 ZORBAX Exlipse XDB－C18 色谱柱(150 mm×4.6 mm，5 μm)，流动相为乙腈-水(V/V，7∶3)，流速为 1.0 mL/min，柱温为 15℃，进样量为 10 μL，保留时间为 2 min，检

测波长为 260 nm。

2. 标准溶液的配制和标准曲线制作

精密称量抗坏血酸标准品 0.1 g 溶于 100 mL 超纯水中，终浓度为 1.0 g/L。然后根据实验对标准溶液浓度稀释为 0.500 g/L、0.200 g/L、0.100 g/L、0.050 g/L、0.025 g/L 和0.005 g/L，按实验方法进行分析，绘制标准曲线。

3. 未知样品测定

按照上述方法测定未知样品的含量。

4. 仪器操作流程

(1) 色谱方法的设置，设定泵流速、运行时间、紫外波长选择。

(2) 保存方法。

(3) 另存方法。

(4) 开启泵与紫外灯。

(5) 设定单次运行数据保存方法。

(6) 进样品，观察在线信号。

(7) 数据处理。

(8) 关机步骤。

五、注意事项

(1) 抗坏血酸标准液需新鲜配制。

(2) 对未出峰的原因进行分析，考虑流动相的管路有气泡应如何处理。

(3) 思考基线信号不稳定的处理方法。

六、思考与分析

(1) 每次出峰保留时间与哪些因素有关？

(2) 进样量的大小是否影响保留时间及半峰宽度？

*实验 20 HPLC 法测定食品中植物激素的含量

一、实验目的

(1) 学习液相色谱的基本原理和基本操作。

（2）掌握色谱分析方法，同时测定多种物质的分离分析原理。

二、实验原理

高效液相色谱在流动相的作用下，混合样品进入色谱柱进行有效分离，通过保留时间进行定性分析、峰面积进行定量分析。

三、仪器和试剂

1. 仪器

安捷伦1220型高效液相色谱仪（配有VDW紫外检测器）；HK－100B型超声清洗机（无锡超声电子设备厂）；ES电子天平（赛多利斯科学仪器北京有限公司）；HC－2064型高速离心机（安徽中科中加科学仪器有限公司）；旋转蒸发器（上海亚荣生化仪器厂）。

2. 试剂

1－萘乙酸（1－NAA），3－吲哚乙酸（3－IAA），3－吲哚丁酸（3－IBA），6－苄氨基嘌呤（6－BAP），甲酸，甲醇（色谱纯），乙醇，石油醚，所用水为二次蒸馏水，试剂为分析纯。

四、实验步骤

1. 高效液相色谱条件

安捷伦ZORBAX Exlipse XDB－C18色谱柱（150 mm×4.6 mm，5 μm），柱温为室温，进样量为10 μL，流动相为甲醇和二次蒸馏水（0.4%甲酸）。

2. 仪器操作流程

（1）色谱方法的设置，设定泵流速、运行时间、紫外波长选择。

（2）保存方法。

（3）另存方法。

（4）开启泵与紫外灯。

（5）设定单次运行数据保存方法。

（6）进样品，观察在线信号。

（7）数据处理。

（8）关机步骤。

3. 样品的前处理

取切碎后的样品西红柿0.5 g放入称量瓶中，先加1 mL甲醇对称取的样品进行研磨，研磨结束再加入 4 mL 的 80%甲醇于称量瓶中浸取 24 h，以 12 000 r/min 的转速离心 30 min，取上层清液。再加入 3 mL 的 80%甲醇继续浸取 24 h，以 12 000 r/min的转速离心 30 min，取上层清液。最后取残渣过滤，用少量 80%甲醇洗 3 次，合并所有的浸取液和洗涤液。收集后用等体积的石油醚脱色萃取两次，将脱色后所得溶液放于旋转蒸发器中浓缩蒸干，再往蒸干烧瓶中加入 1 mL 流动相甲醇进行溶解。用注射器将溶液吸出后经 0.22 μm 的超微滤膜过滤，滤液作为待取液进行 HPLC 分析。

4. 植物激素的线性范围、回归方程、相关系数

配制 0.1 μg/mL、0.5 μg/mL、1.0 μg/mL、2.0 μg/mL、5.0 μg/mL、10.0 μg/mL 质量浓度的 4 种植物激素标准混合溶液，进行进样分析，通过峰面积定量计算，得出其线性方程及相关系数。

5. 样品分析及回收率的测定

取西红柿样品 0.5 g，按照实验步骤 3 的方法制备样品备用，并用上述优化好的条件进行测定。检测西红柿中是否有 6-苄氨基嘌呤、3-吲哚乙酸、1-萘乙酸植物激素存在。对制备的西红柿样品进行加标回收实验。

五、注意事项

(1) 分析过程中管路压力过大或过小的原因。

(2) 对出峰对称性差的原因进行分析。

(3) 思考基线信号不稳定的处理方法。

六、数据处理

(1) 根据测定植物激素的保留时间，定性确定各待测植物激素。

(2) 根据不同浓度的样品，得到不同的峰面积，绘制标准曲线。并将未知浓度样品的峰面积代入线性方程中，得到其浓度。

七、思考与分析

(1) 进样量的大小是否影响保留时间及半峰宽度？

(2) 有哪些常用的高效液相检测器？

(3) 分析物质的出峰顺序与哪些方面有关？

第12章 毛细管电泳法

毛细管电泳(capillary electrophoresis, CE)是待测物质在充满缓冲溶液的毛细管中在高压电场的作用下,按淌度或分配系数的差别而实现高效、快速分离分析的新型电泳技术。与传统的电泳技术和现代色谱技术相比,毛细管电泳具有高效、快速、进样量少、试样对象广、操作成本低等特点。

12.1 基本原理

毛细管电泳是以高压电场为驱动力,以毛细管为分离通道,依据样品中各组成之间淌度和分配行为上的差异而实现分离的一类液相分离技术。仪器装置包括高压电源、毛细管、柱上检测器、供毛细管两端插入且和电源相连的两个缓冲液贮瓶。在电解质溶液中,带电粒子在电场作用下,以不同的速度向其所带电荷相反方向迁移的现象称为电泳。毛细管电泳所用的石英毛细管在 pH>3 时,其内液面带负电,和溶液接触形成一双电层。在高电压作用下,双电层中的水合阳离子层引起溶液在毛细管内整体向负极流动,形成电渗液。带电粒子在毛细管内电解质溶液中的迁移速度等于电泳和电渗流(EOF)二者的矢量和。带正电荷粒子最先流出;中性粒子的电泳速度为“零”,故其迁移速度相当于电渗流速度;带负电荷粒子运动方向与电渗流方向相反,因电渗流速度一般大于电泳速度,故它将在中性粒子之后流出;各种粒子因迁移速度不同而实现分离,这就是毛细管区带电泳(capillary zone electrophoresis, CZE)的分离原理。目前,毛细管电泳的分离模式主要有毛细管区带电泳、胶束电动色谱、毛细管凝胶电泳、毛细管等电聚焦等方式。

12.2 仪器装置

高效毛细管电泳仪主要由高压电源、毛细管、缓冲溶液瓶、检测器、数据处理系统构成，如图 12-1 所示。

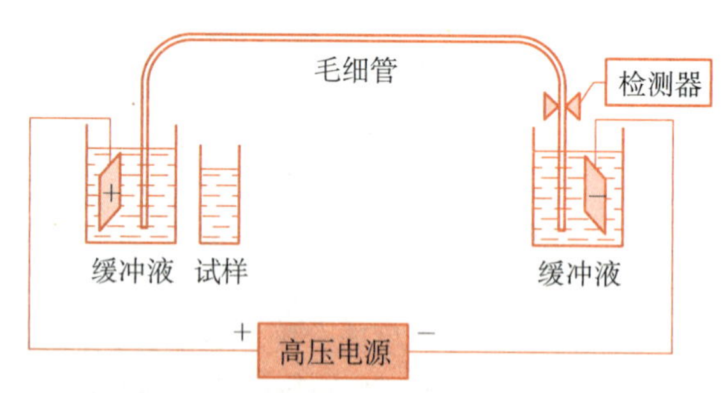

图 12-1　毛细管电泳装置示意图

高压电源是分离的动力，直流输出电压一般为 0～30 kV，输出电流为 0～1 mA。大部分电源有极性转换功能。毛细管是分离通道，普遍采用外涂聚酰亚胺涂料的熔融石英毛细管，内径为 25～100 μm，长度为 20～100 cm。毛细管尺寸的选择主要考虑分离效率和检测灵敏度，内径越小，分离效率越高，但由于小内径的毛细管限制了进样量，对检测器的灵敏度要求也高。毛细管越长，分离效率越高，但是因为高压电源输出电压的限制，长毛细管将导致电场强度减弱，影响分析时间。

缓冲溶液瓶一般用玻璃或聚丙烯制成，体积为 1～5 mL，简单的毛细管电泳装置也可使用离心管缓冲溶液。检测器是毛细管电泳仪器的关键部分，因为毛细管内径很小，进样量是纳升级，因此，需要检测器具有较高灵敏度。目前常用的检测器有紫外-可见光、荧光、激光诱导荧光、电化学、质谱等检测器。

12.3 实验部分

实验 21　CE 法分离检测饮料中植物激素

一、实验目的

(1) 学习使用毛细管电泳仪。

（2）掌握毛细管电泳分离的基本原理。

（3）了解植物激素的结构性质。

二、实验原理

本实验采用的是在高压作用下，以毛细管为分离通道，各植物激素样品中各组成之间淌度和分配行为上的差异而实现分离的电泳分离技术。

三、仪器和试剂

1. 仪器

CL1020 型高效毛细管电泳仪（北京华阳利民仪器有限公司）：紫外检测器，高压电源和 CT－21 色谱信号采集单元，内径为 75 μm 未涂层石英毛细管，色谱工作站；KQ218 型超声清洗机（昆山超声仪器有限公司）；PP－15 型酸度计（赛多利斯科学仪器北京有限公司）；SQP 电子天平（赛多利斯科学仪器北京有限公司）。

2. 试剂

6－苄氨基嘌呤（99%），1－萘乙酸（分析标准品），激动素（99%），赤霉素（96%），反-玉米素（98%），硼砂缓冲溶液（pH＝9.2），硼酸（99%），甲醇（分析纯），氢氧化钠，盐酸，二次蒸馏水，维动力（气泡维生素饮料）。

四、实验步骤

1. 标准溶液的配制

称取一定量的 6－苄氨基嘌呤、1－萘乙酸、激动素、赤霉素、反-玉米素 5 种植物激素的标准品，用甲醇溶解，配制成 1.0 mg/mL 的标准溶液，放置于冰箱中冷藏。用移液枪移取一定量的标准溶液，加二次蒸馏水稀释至浓度分别为 0.10 mg/mL和 0.001 mg/mL，以备待用。

2. 石英毛细管的预处理

对毛细管柱进行预处理，首先用碱性的甲醇溶液（将 2 g 氢氧化钠溶于 25 mL（*V*/*V*，4∶1）甲醇/水）冲洗 1 h，然后使用 1 mol/L 的氢氧化钠冲洗 1 h，接着用 1 mol/L 的 HCl 冲洗 1 h，再用蒸馏水冲洗毛细管 1 h，最后安装在仪器上使用。

3. 石英毛细管电泳法操作条件

毛细管柱经过预处理后，在使用前需要用 0.1 mol/L 的氢氧化钠冲洗

10 min，二次蒸馏水冲洗 10 min，再用缓冲溶液冲洗 10 min，便可以进行实验。实验结束后，需要用二次蒸馏水对毛细管柱冲洗 1 h。为了得到更好的实验重现性，在每进样 3 次后便需要用缓冲溶液冲洗 5 min。

4. 样品的处理

首先对饮料进行超声处理，除去饮料中所含的气体，再用二次蒸馏水进行稀释，稀释到合适的浓度，稀释后的溶液用 0.45 μm 滤膜进行过滤，过滤后可直接用于实验分析。

5. 样品分析

为了考察该实验方法在食品检测中的应用，以超市购买的饮料为分析对象，样品经过超声、稀释、过滤后进行分析。

五、数据处理

根据以上确定的最优的分离条件，以植物激素的标准质量浓度(C)为横坐标，以峰面积(A)为纵坐标，得到 5 种植物激素标准曲线的线性回归方程、相关系数(R)、检出限和线性范围。

准确移取一定量 3.0 mg/L 的 5 种植物激素的混合标准样品溶液，连续进样 6 次，对各组分的峰面积和迁移时间进行考察。根据样品分析的峰面积，由线性方程计算样品中待测植物激素的含量。

六、注意事项

(1) 在毛细管电泳实验过程中，要有效处理缓冲溶液，防止有气泡产生。

(2) 在实验前、后毛细管柱都要用纯净水进行有效冲洗。

(3) 进行实验过程中，毛细管窗口易断，应加以注意。

七、思考与分析

(1) 毛细管电泳实验过程中，未出峰的原因是什么？

(2) 思考各分析物质的出峰顺序及出峰规则。

(3) 在缓冲体系中，少量有机溶剂有哪些作用？

第13章 毛细管电色谱法

毛细管电色谱(capillary electrochromatography, CEC)是近年发展起来的一种新型分离技术,在分离分析时,同时具有高效液相色谱和毛细管电泳各自的优点,即具有高柱效、高选择性、高分辨率、快速分离的特点。毛细管电色谱是将固定相材料填充在毛细管内,或在毛细管管壁涂敷、键合、原位聚合制备分离固定相,在加电压的作用下,依靠电渗流推动流动相,中性样品物质与带电荷的样品物质,根据它们与色谱固定相和流动相间吸附、不同的分配平衡常数及电泳速率的差异,而达到分离的一种高效新型分离模式。

13.1 基本原理

毛细管电色谱理论是研究目标分析物在 CEC 过程中的运动规律,为 CEC 分析提供理论依据,以便获得最佳的分离条件,提高分离效率。CEC 是毛细管电泳与高效液相色谱相结合的新技术,它在同时具有两者一般规律的基础上,也具有自己特殊的规律。CEC 理论一部分来自电泳理论,一部分来自色谱理论。

13.1.1 电渗流行为

在毛细管电色谱中,电渗流作为流动相的驱动力,是一个非常重要的参数。电渗流的产生是由于双电层的存在而引起的。当固定相与极性溶液接触时,由于离解、特异性吸附等方式使固定相表面带电,带电固定相表面将影响流动相中其附近离子的分布。带相反电荷离子通过静电作用被吸引到固定相表面周围,而带相同电荷离子则被排斥在固定相表面区域之外。另外,在熵增加原理的作用下,带电离子处于不停的无规则热运动中,吸引和排斥的静电相互作用机理和杂乱的热运动相结合，最终在固定相表面形成双电层结构。

电渗是在外加电场作用下，带电固定相周围的电解质溶液相对于固定相表面的运动现象。在毛细管电色谱中，电渗流的产生主要取决于固定相颗粒表面形成的双电层，由于扩散层中反离子在外电场作用下迁移，也带动本底介质一起迁移，这就是电渗流现象，电渗流方向自阳极至阴极。其研究的理论都是基于斯莫卢霍夫斯基(Von Smoluchowski)的经典理论。

在毛细管电色谱中，电渗流是电色谱分离的主要驱动力，因此它也是电色谱中的最基本过程之一。Wihitehead 和 Van de Goor 等人详细研究了电渗流过程，电渗流在毛细管中的速度大小可以表示如下：

$$u_{eo}=\frac{\varepsilon_0\varepsilon_r\zeta}{\eta}=\frac{L_{id}L}{t_{eo}V} \quad (13-1)$$

上式中，u_{eo}为电渗流的线速度，η为流动相的黏度，ε_0 和 ε_r 分别为真空介电常数和相对介电常数，ζ为 Zeta 电势；L 为毛细管总长，L_{id}为从毛细管进样端至检测窗口的长度，t_{eo}为不保留物质保留所需时间，也称为死时间；V 为加在毛细管两端的电压。其中 Zeta 电势(ζ)可按下式计算：

$$\zeta=\frac{\sigma\delta}{\varepsilon_0\varepsilon_r} \quad (13-2)$$

上式中，σ 和 δ 分别表示固体表面的多余电荷量和双电层厚度。

从(13－2)式可知，电渗流与流动相的介电常数、黏度以及电解质的浓度等因素有关，而且它们还与一些其他因素(表面电荷状况、离子强度、pH 值、温度)有关。同时，与柱的直径和固定相颗粒的大小无关，所以，其不均匀并不影响线速度的大小。上述公式对电渗流的预测大于实际值，这是因为填料的引入在改变了流动相的路径同时，也减小了有效电场，从而使流速减小。在整体柱毛细管中，流体的通道是很复杂的，Wan 给出了流体通道的直径(D)与填料直径(d_p)的表达式：

$$D=0.42d_p\frac{n}{1-n} \quad (13-3)$$

上式中，n 和 d_p 分别为填充空隙率和填料直径。

由(13－3)式可见，流体通道的直径不仅与填料大小有关，还与填充的空隙率有关。填充的空隙率与填充的方法及填料性质等有关，一般来说，n 值为 0.26～0.48。

13.1.2　电泳行为

中性化合物在柱内分离主要是受到电渗流的迁移和中性化合物与固定相之间的相互作用。一些离子化合物在一定 pH 值的缓冲溶液中带有有效的正电荷或负电荷，这些带电荷的离子化合物在施加电压的电色谱系统会向相应的阴极或阳极运动，其迁移速率(u_{ep})表示如下：

$$u_{ep} = \mu_{ep} E = \mu_{ep} \frac{V}{L} \tag{13-4}$$

上式中，μ_{ep}为电泳淌度，E 为电场强度，V 为加在毛细管柱两端的电压，L 为毛细管柱总长。μ_{ep}与离子性物质的 Zeta 电势(ζ)与缓冲液浓度及性质相关，由下式表示：

$$\mu_{ep} = \frac{2}{3} \frac{\varepsilon_0 \varepsilon_r \xi}{\eta} \tag{13-5}$$

其中，离子物质的 Zeta 电势(ζ)与它的电荷数($q_{\pm}$)和体积(r_s)以及缓冲液的介电常数因素相关，

$$\xi = \frac{q_{\pm}}{r_s} \varepsilon \tag{13-6}$$

结合(13－4)式、(13－5)式、(13－6)式，经处理后可得电泳迁移速率的表达式为

$$u_{ep} = \frac{q_{\pm} E}{6\pi r_s \eta} \tag{13-7}$$

上式表明电泳行为仅对离子性化合物有一定的迁移作用，离子的净电荷和体积、电场强度、缓冲液的性质、柱温等因素与电泳迁移速度有着密切关系。同样，由于离子性化合物溶剂化程度(离子体积越小，溶剂化越强)影响化合物的有效离子半径，从而影响它们的迁移速率。

对于弱电解质，其在溶液中的电泳淌度可用有效电泳淌度(μ_{eff})表示：

$$\mu_{eff} = \alpha \mu_{ep} \tag{13-8}$$

上式中，α 为解离常量，与溶液的 pH 值有关。

13.2　仪器装置

毛细管电色谱是将高效液相色谱分离材料填充在毛细管中，或涂敷与键合

在毛细管壁上，以电渗流为驱动力，利用分离物质与管内固定相之间相互作用的一种电动行为。毛细管电色谱的分离本质是通过目标分析物在流动相与固定相之间分配与电淌的不同而实现的，其分离原理是毛细管电泳与高效液相双重作用的分离机制。所以，毛细管电色谱将毛细管电泳技术与高效液相色谱技术有机结合起来，形成一种新的分离技术，其基本关系如图 13－1 所示。

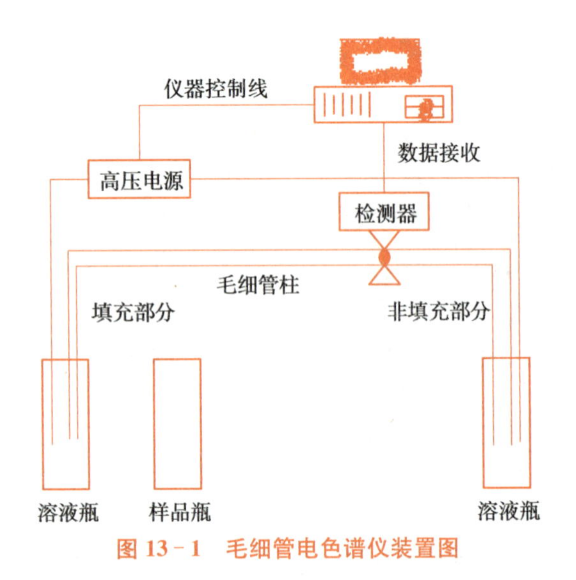

图 13－1　毛细管电色谱仪装置图

13.3　实验部分

*实验 22　毛细管电色谱分离黄酮类化合物的研究

一、实验目的

（1）学习使用毛细管电色谱仪。

（2）掌握毛细管电色谱分离的基本原理。

（3）了解黄酮类化合物的结构性质。

二、实验原理

毛细管电色谱是将固定相材料填充在毛细管内，或在毛细管管壁涂敷、键合、原位聚合制备分离固定相，在加电压的作用下，依靠电渗流推动流动相，使中性样品物质与带电荷的样品物质，根据它们与色谱固定相和流动相间吸附、不同的分配平衡常数及电泳速率的差异，而达到分离的一种高效新型分离模式。

三、仪器与试剂

1. 仪器

安捷伦毛细管电泳仪；DAD检测器；未涂层熔石英毛细管（河北永年厂）；PHS－3C型精密度酸度计（上海大普仪器有限公司）；HGC－24A型氮气吹干仪（厦门精艺兴业科技有限公司）；Sartorins R200D型分析天平（赛多利斯科学仪器北京有限公司）；KQ－3200E型超声波清洗器（昆山超声仪器有限公司）。XL30型环境扫描电镜（荷兰飞利浦公司）。Milli－Q型超纯水系统（美国密理博公司）。检测波长为214 nm，柱温为25℃。

2. 试剂

（1）甲基丙烯酸十二烷酯（LMA）、乙二醇二甲基丙烯酸酯（EDMA）、AMPS、γ-甲基丙烯酸氧丙基三甲氧基硅烷（γ－MAPS）、环己醇、1，4-丁二醇，均购自阿尔法埃莎。

（2）磷酸二氢钠，盐酸，氢氧化钠（分析纯，国药集团化学试剂有限公司）。

（3）偶氮二异丁腈（AIBN，化学纯）、乙腈、甲醇、磷酸二氢钠，均购自中国国药化学试剂公司。

（4）芦丁、山奈酚、槲皮素、槲皮苷购自中国生物药品检验所。

（5）所用水均为Milli－Q二次水。

四、实验步骤

1. 试剂处理及样品配制

将20 mL的甲基丙烯酸十二烷酯加入100 mL的分液漏斗中，然后加入等体积5%（V/V）的NaOH水溶液，摇匀振荡10 min，静置分层，收集上层清液，再加入约20 mL的NaOH水溶液，如此反复碱洗3次。完成后，将上清液甲基丙烯酸十二烷再用Milli－Q超纯水反复洗涤至中性。将洗涤完成的甲基丙烯酸十二烷酯倒入内有无水硫酸镁的磨口瓶中，置于冰箱中冷藏干燥24 h。将已干燥处理的甲基丙烯酸十二烷酯用0.45 μm有机滤膜过滤，得到去除阻聚剂的干燥的甲基丙烯酸十二烷酯，并在冰箱中保存、待用。

乙二醇二甲基丙烯酸酯的处理方法同上，只是在分层时收集下层清液。引发剂偶氮二异丁腈经重结晶处理。

准确称取一定量的芦丁、山奈酚、槲皮素、槲皮苷，均用无水乙醇配制储备液，保存于冰箱中。使用时均用超纯水稀释到所需浓度。所有的缓冲体系及有机溶剂在实验前都用 0.22 μm 膜过滤。

2. 毛细管预处理

为了在毛细管内得到更加稳定的整体柱材料，通常对毛细管表面进行预烯基化处理，使毛细管内表面键合一层带有烯基的硅烷化试剂。实验中毛细管预处理步骤如图 13－2 所示。

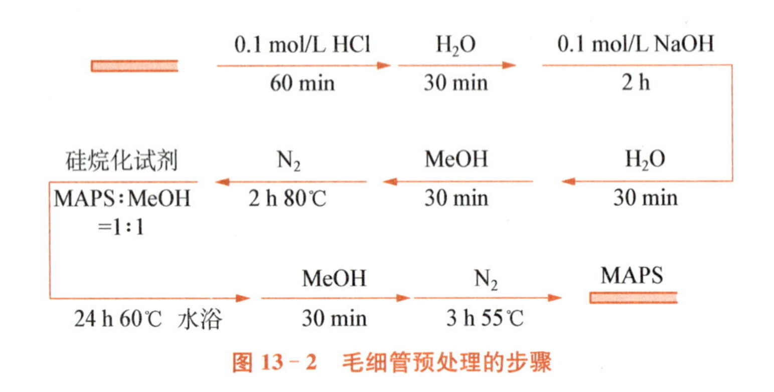

图 13－2　毛细管预处理的步骤

3. 整体柱的制备

准确移取 300 μL 的 LMA、200 μL 的 EDMA，准确称取 5.0 mg 的 AIBN、2.5 mg 的 MAPS 溶于 450 μL 的环己醇、225 μL 的 1,4－丁二醇和 75 μL 的纯水构成的混合溶液中，振荡溶解后再超声 15 min，使之充分溶解且形成均一体系。氮气吹 5 min 后，用注推器注入预处理好的毛细管中，有效长度为 25 cm(总长为 35 cm)。将毛细管两端用橡胶头密封，放入 60℃恒温水浴中加热反应 15 h。反应完成后，取出毛细管，分别用甲醇和水作为流动相，在高效液相泵中洗去致孔剂及没有反应的可溶性物质，用氮气吹干，备用。

4. 电色谱实验

取芦丁、山奈酚、槲皮素、槲皮苷，在乙醇中配制成 1.0 mg/mL 的样品储备液，稀释至所需各浓度，所有样品需经 0.22 μm 滤膜过滤。

缓冲溶液储备液的配制：配制 0.1 mmol/L 的 NaH_2PO_4 溶液，然后用 0.1 mol/L的磷酸或氢氧化钠调节至适当 pH 值，放入冰箱保存。将适量体积的乙腈、缓冲溶液储备液混合成所需比例，经 0.22 μm 滤膜过滤。在实验运行前，流动相超声 10 min 脱气，毛细管柱经流动相平衡 1 h，两端电压分别从 0 kV 开始加电压，在 20 kV 平衡 30 min。检测波长为 214 nm。

五、数据处理

根据各黄酮类化合物保留时间，定性分析黄酮类化合物，并根据不同浓度黄酮类化合物混合物制作标准曲线。

六、注意事项

(1) 在整体柱制备实验中，应注意各功能单体混合均一稳定。

(2) 在毛细管电色谱实验中，注意使缓冲溶液的 pH 值、浓度、运行电压等都处于最佳条件。

(3) 为了获得优质的实验结果，标准品配制应严格认真。

七、思考与分析

(1) 毛细管电色谱分离与毛细管电泳分离有哪些差异？

(2) 标准曲线法有哪些优点？

(3) 根据黄酮类化合物结构式，分析其保留机理。

*实验 23 毛细管电色谱分离检测尿中核苷类化合物

一、实验目的

(1) 学习整体柱制备方法与流程。

(2) 掌握毛细管电色谱分离的基本原理，并用于实际样品分析。

(3) 了解核苷类化合物的结构性质。

二、实验原理

毛细管电色谱是将固定相材料填充在毛细管内，或在毛细管管壁涂敷、键合、原位聚合制备分离固定相，在加电压的作用下，依靠电渗流推动流动相，使中性样品物质与带电荷的样品物质，根据它们与色谱固定相和流动相间吸附、不同的分配平衡常数及电泳速率的差异，而达到分离的一种高效新型分离模式。

三、仪器与试剂

1. 仪器

安捷伦毛细管电泳仪，配备DAD二极管阵列紫外检测器及安捷伦化学工作站；安捷伦1100型液相泵；GC-2010型气相色谱仪（日本岛津）；XL30型环境扫描电子显微镜（荷兰飞利浦公司）；DK-8D型电热恒温水槽（上海大普仪器有限公司）；KQ-100型超声清洗仪（昆山超声仪器有限公司）；PHS-3C型精密酸度计（上海大普仪器有限公司）；800型离心沉淀器（上海手术器械厂）；HGC-24A型氮气吹干仪（厦门精艺兴业科技有限公司）；熔融石英毛细管（100 μm×375 μm OD，河北永年光导纤维厂）。

2. 试剂

(1) 甲基丙烯酸十八烷酯（SMA）、乙二醇二甲基丙烯酸酯（EDMA）、三羟甲基丙烷三甲基丙烯酸酯（TMPTMA）、14-丁二醇、环己醇、2-丙烯酰胺-2-甲基-1-丙磺酸（AMPS）、γ-甲基丙烯酸氧丙基三甲氧基硅烷（γ-MAPS），均购自阿尔法埃莎公司。

(2) 偶氮二异丁腈（AIBN，化学纯，天津福晨化学试剂厂）。

(3) 鸟嘌呤、腺苷、腺嘌呤、胞苷、N^6-甲基腺苷，均购自美国西格玛化学品公司。

(4) 甲醇、乙腈均为色谱纯，购自国药集团化学试剂有限公司。

(5) 硼砂、盐酸、氢氧化钠均为分析纯，购自国药集团化学试剂有限公司。

(6) 实验用水均为Milli-Q超纯水。

四、实验步骤

1. 毛细管壁预处理

毛细管处理方法同实验22。

2. 整体柱的制备

将160 μL的TMPTMA、240 μL的SMA、1.2 mg的AMPS、600 μL的致孔剂与4.0 mg的引发剂AIBN混合。其中，致孔剂由400 μL的环己醇、140 μL的1,4-丁二醇、60 μL的二次水组成。将混合溶液超声15 min，再用氮气吹除氧气10 min后，注入已预处理过的毛细管（长约35 cm），距末端10 cm，每批3～4根。将毛细管末尾密封，置于60℃恒温水浴锅中反应24 h。反应完成后，在液相泵上以甲醇为流动相冲洗毛细管柱，观察柱压，并连续冲洗2 h以上，除去致孔剂、未反应的功能单体等其他物质。最后，柱末端水封，备用。

进行电色谱实验前，距固定相末端 2 mm 处除去毛细管外壁聚酰亚胺涂层，形成 1～2 mm 的检测窗口。毛细管柱正确装入电泳仪卡盒后，在低压情况下运行缓冲液平衡整体柱 30～60 min，待电流和基线稳定后，才能进行电色谱实验。

3. 整体柱的形貌表征

从毛细管柱床端切下长约 2 mm 的几段，用扫描电子显微镜观察整体柱内部固定相的形貌特征。

4. 样品和流动相的配制

(1) 标准样品的制备：称取适量的硫脲、苯、甲苯、乙苯、萘，苯酚、邻苯二酚、间苯二酚，邻苯二胺、间苯二胺、苯胺、甲萘胺，溶解在甲醇中，配成浓度为 1 000 ppm的样品储备液。实验前，用甲醇稀释成所需浓度。

(2) 流动相的配制：配制 100 mmol/L 的 NaH_2PO_4 母液。将母液用二次水稀释成所需浓度后，分别用 1.0 mol/L 的盐酸或 0.1 mol/L 的氢氧化钠水溶液调节至所需的 pH 值；配制 60 mmol/L 的硼砂缓冲母液。将母液用二次水稀释成所需浓度后，用 1.0 mol/L 的盐酸或 0.1 mol/L 的氢氧化钠水溶液调节至所需的 pH 值；取适量体积的乙腈和新鲜配制的缓冲液混合，超声 20 min 制得流动相。

(3) 尿样的制备：取适量浓度的 5 种核苷类物质标准样品混匀，加入健康成年人尿样中，经离心处理 10 min(4 000 r/min)后取上层清液，用 0.22 μm 滤膜过滤，再用运行缓冲溶液稀释 10 倍，制得模拟尿样，储存在−18℃的冰箱中备用。

所有溶液、试剂，在直接进样分析前，均用 0.22 μm 聚丙烯微孔滤膜进行过滤。

5. 线性范围和检测限

在最优电色谱条件下，对一系列不同浓度的核苷类物质标准混合样进行毛细管电色谱分析。以峰面积(y, mAu×s)对浓度(x, μg/mL)作图，得到各组分的线性回归方程、相关系数和线性范围。

6. 精密度实验

在最优色谱条件下，对线性范围中间浓度的标样混液，在同一天内连续 5 次进样测定。根据各自的保留时间和峰面积，计算日内平均标准偏差。

7. 样品分析

对健康成年人尿样，经离心处理 10 min(4 000 r/min)后取上层清液，用 0.22 μm滤膜过滤，再用 10 mM 硼砂溶液稀释 10 倍，制得模拟尿样，取样品进行直接进样分析。

五、数据处理

(1) 根据系列浓度所得峰面积,计算线性方程、线性相关系数等。

(2) 根据重复进样数据,分析实验的精密度与重复性。

(3) 依据样品分析所得的色谱图,计算样品中待测物质的含量。

六、注意事项

(1) 对健康成年人尿样进行处理时,采用高速离心机离心,防止杂质影响。

(2) 在毛细管电色谱实验过程中,缓冲溶液与样品要充分超声,除去存在汽泡的影响。

(3) 毛细管整体柱窗口易发生折断,在实验过程中应加以注意。

七、思考与分析

(1) 毛细管电色谱有哪些优点?

(2) 如何提高自制毛细管整体柱的稳定性?

第14章 色谱-质谱联用技术

气相色谱和高效液相与质谱联用，使得气相色谱和高效液相的鉴定、分离能力大大增强。色谱-质谱联用不仅能定性，提供详细的结构信息，同时也是定量的检测器。它已成为验证性分析的常用检测手段，既可以对复杂样品进行总离子扫描，也可以进行选择离子扫描。

14.1 基本原理

色谱分离原理主要依据气相与液相的分离原理。色谱-质谱联用技术的原理一般采用高速电子来撞击气态分子或原子，将离子化后的正离子加速导入质量分析器，然后按质荷比的大小顺序进行收集和记录，即得到质谱图。依据质谱峰的位置进行物质的定性和结构分析，依据峰的强度进行定量分析。

下面以线型单聚焦质谱仪为例，说明质谱分析法的基本原理。如图 14－1 所示，试样从进样器进入离子源，在离子源中产生正离子，正离子加速进入质量分析器，质量分析器将离子按质荷比大小不同进行分离。分离后的离子先后进入检测器，检测器得到离子信号，放大器将信号放大并记录在读出装置上。

14.2 仪器装置

质谱仪一般由 6 个部分组成，包括真空系统、进样系统、离子源、质量分析器、离子检测器和计算机自动控制及数据处理系统。

1. 真空系统

在质谱分析中，为了降低背景及减少离子间或离子与分子间的碰撞，离子

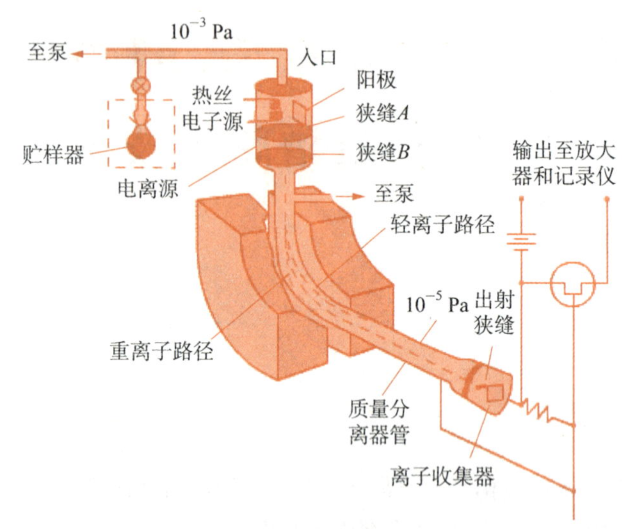

图 14-1　单聚焦质谱仪示意图

源、质量分析器及检测器必须处于高真空状态。离子源的真空度为 10^{-4}～10^{-5} Pa，质量分析器应保持在 10^{-6} Pa，要求真空度十分稳定。

2. 进样系统

质谱进样系统的目的是在不破坏仪器真空环境、具有可靠重复性的条件下，将试样引入离子源。常用的进样方式有直接进样、间接进样、色谱进样 3 种。

3. 离子源

离子源的作用是使试样分子或原子离子化，同时具有聚焦和准直的作用，使离子汇聚成具有一定几何形状和能量的离子束。按照试样的离子化方式，离子源可分为气相离子源和解吸离子源两种：前者是试样在离子源中以气体的形式被离子化，主要包括电子轰击源、化学电离源、场致电离源；后者从固体表面或溶液中溅射出带电离子，主要有场解吸源、快原子轰击源、基质辅助激光解吸电离源、电喷雾电离源、大气压化学电离源。

4. 质量分析器

质量分析器的作用是将离子源产生的离子按质荷比的大小分离聚焦。质量分析器的种类较多，常见的有单聚焦质量分析器、双聚焦质量分析器(图 14-2)、四极滤质器、离子阱分析器、飞行时间析器和回旋共振分析器等。

5. 离子检测器和记录系统

常用的离子检测器是静电式电子倍增器，其结构如图 14-3 所示。由质量分析器出射的离子，具有一定的能量，轰击电子倍增管的 Be-Cu 阴极 C，便发射

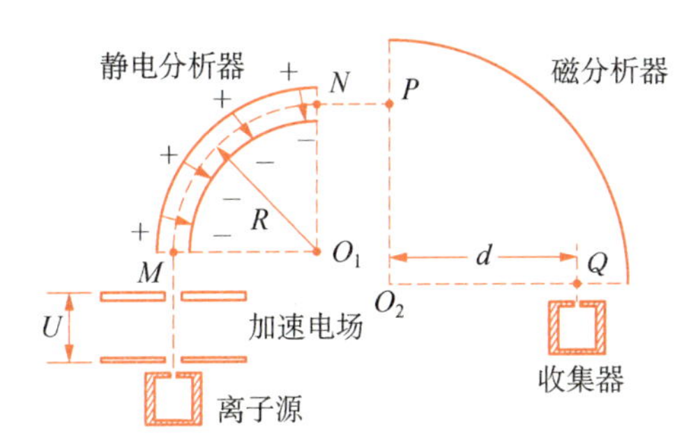

图 14－2　双聚焦质量分析器示意图

出二次电子。在电场作用下，电子依次撞击倍增极 D_1、D_2、D_3、D_4，二次电子的数目以几何数倍增，最后在阳极 A 上可以检测到 10^{-17} A 的微弱电流。静电式电子倍增器电流放大倍数一般在 10^5～10^8。这种检测器时间常数小于 1 s，因此，可以实现高灵敏、快速测定。

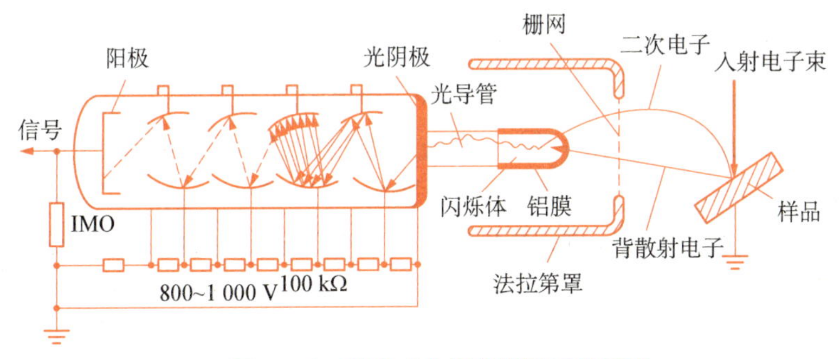

图 14－3　静电式电子倍增器工作原理

14.3　实验部分

实验 24　气相色谱-质谱法同时测定土壤中有机磷及氨基甲酸酯类农药残留量

一、实验目的

(1) 学习土壤样品的处理方法。

（2）掌握气相色谱-质谱的分离基本原理，并用于实际样品分析。

（3）了解有机磷与氨基甲酸酯类农药的结构性质。

二、实验原理

利用气相色谱对有机磷及氨基甲酸酯类农药进行有效分离，依据保留时间不同进行定性分析，随后进入质谱仪进行定量检测。

三、仪器与试剂

1. 仪器

安捷伦7890A/5973N型气相色谱-质谱仪；DSY－Ⅱ型自动快速浓缩仪（北京金科精华苑技术研究所）；DS－1型高速组织捣碎机（上海标本模型厂）；RE－52A型旋转蒸发器（上海亚荣生化仪器厂）；AS20500A型超声波清洗器。

2. 试剂

（1）有机农药标准品：敌敌畏、马拉硫磷、对硫磷、溴硫磷、三硫磷、倍硫磷、异丙威、抗蚜威、灭害威、禾草丹、除草通、灭螨猛（中国农业部环境保护科研监测所研制，100μg/mL）。

（2）试剂：正己烷、丙酮、甲醇均为分析纯（重蒸后使用），无水硫酸钠（分析纯，650℃灼烧4 h），弗罗里土（650℃灼烧4 h，130℃活化4 h）。

（3）混合农药标准储备液：分别准确移取上述农药标准品，用丙酮为溶剂，配制成每种农药的质量浓度均为1.0 μg/mL的混合标准储备液，于冰箱中保存备用。

四、实验步骤

1. 样品的提取

称取制备好的土壤样品3.000 g于50 mL离心管内，加丙酮-石油醚（4：1）混合液5 mL，混合后超声提取20 min后，3 600 r/min离心5 min。移取上层清液于20 mL的离心管中，再分别用2 mL的混合液重复提取两次，合并上层清液，浓缩至2 mL左右以待净化。

2. 提取液的净化

层析柱自下而上装填1 cm无水硫酸钠、4 g弗罗里土、1 cm无水硫酸钠。先用20 mL正己烷预淋洗，然后将浓缩液转移至柱中，以10 mL正己烷-丙酮（4：1）分数次洗涤浓缩瓶并倒入柱中，再分别用5 mL丙酮、10 mL正己烷-丙酮

(4∶1)、5 mL 甲醇洗柱，收集洗脱液，经旋转蒸发仪在 50℃水浴中浓缩近干，用正己烷定容至 1.0 mL，待测。

3. 分析条件

(1) HP-5MS 毛细管柱，30.0 m×250 μm×0.25 μm(膜厚)。

(2) 色谱柱温度：50℃(1 min) $\xrightarrow{25℃/min}$ 150℃(2 min) $\xrightarrow{2℃/min}$ 180℃ $\xrightarrow{1℃/min}$ 200℃ $\xrightarrow{10℃/min}$ 230℃(2 min)。

(3) 进样口温度：250℃；载气为高纯氦气(纯度大于 99.99%)，流速为 1 mL/min；进样体积为 1 μL；溶剂切除时间为 5.0 min；扫描范围为 50～500 u；离子源温度为 230℃；传输线温度为 150℃；检测器温度为 280℃；EI 电子能量为 70 eV。

4. 标准曲线及线性范围

将混合农药标准储备液(1.0 μg/mL)配制成 0.01 μg/mL、0.02 μg/mL、0.05 μg/mL、0.10 μg/mL、0.20 μg/mL、0.40 μg/mL、0.60 μg/mL、0.80 μg/mL 和1.00 μg/mL 的标准工作液，按选定实验方法进行实验，经选择离子扫描，以吸收峰面积(A)对浓度(C)作标准曲线，得到 12 种农药的线性方程和相关系数，并以 3 倍噪声计算方法的最低检测限。

5. 样品分析及方法回收率、精密度

称取农菜基地土壤样品 3.000 g，按实验方法进行提取、净化及检测。为了验证本方法的准确性，进行加标回收实验。在 3.000 g 土壤中，分别加入 500 μL 和 100 μL 的混合农药标准储备液(1.0 μg/mL)，按选定的实验方法进行提取、净化和检测。通过定量选择离子峰面积，计算各种农药在两种添加水平的回收率，每种水平重复实验 5 次。

五、数据处理

(1) 根据系列浓度所得峰面积，计算线性方程、线性相关系数等。

(2) 根据重复进样数据，分析实验的精密度、回收率、重复性等。

(3) 依据样品分析所得的色谱图的峰面积，计算样品中待测物质的含量。

六、注意事项

(1) 提取土壤中有机磷与氨基甲酸类农药，应注意溶剂的选择。

(2) 在气相色谱-质谱联用技术测定样品时，样品物质应为易挥发、难分解

的化合物。

(3) 使用质谱仪时,应注意需要一定真空和保持仪器的稳定性。

七、思考与分析

(1) 气相色谱-质谱联用技术在分离分析中有哪些优点?

(2) 如何提高样品添加的回收率?

*实验 25 高效液相色谱-质谱法测定饲料中三聚氰胺

一、实验目的

(1) 学习高效液相色谱分离原理。

(2) 掌握质谱法定量的基本原理。

(3) 了解三聚氰胺化合物的结构性质及其在食品中的危害性。

二、实验原理

利用相似相溶原理有效提取食品中的三聚氰胺化合物,并利用高效液相色谱对三聚氰胺化合物进行有效分离,最后采用质谱方法进行定性、定量检测。

三、仪器与试剂

1. 仪器

安捷伦 1100LC - Trap - XCT 型液相色谱-电喷雾离子源-离子阱质谱系统。

2. 试剂

(1) 三聚氰胺:分析纯,纯度不低于 99.5%。

(2) 三聚氰胺标准溶液:精密称取三聚氰胺 10 mg 至 10 mL 容量瓶中,用流动相定容,作为标准储备液。

(3) 乙醇、甲酸为分析纯。

四、实验步骤

1. 样品处理方法

将样品粉碎后准确称取 5 g(精确至 0.000 1 g)至具塞锥形瓶中,加入水(含体积分数0.1%甲酸)-乙醇(体积比1∶1)20 mL,超声波振荡提取10 min,过滤;残渣再用20 mL的上述提取液提取1次,过滤合并滤液,氮吹仪上浓缩并定容至5 mL,经0.45 μm滤膜过滤后上机测定。

2. 实验条件设置

(1) 色谱条件:色谱柱Kromasil-C18柱(4.6 mm×250 mm, 5 μm);流动相:乙腈-甲酸(体积比5∶95),流速:0.4 mL/min,进样量5 μL。

(2) 质谱条件:电喷雾电离,正离子化模式;毛细管电压:3 909 V;Skimmer:40.0 V;毛细管出口电压:97.4 V;碎裂电压:0.5 V;雾化器压力:4.0×105 Pa;干燥气流量:9 L/min;干燥气温度:350℃;扫描范围(m/z):44～150。

3. 线性范围与检出限

将配制好的三聚氰胺标准储备液用流动相稀释成0.010 mg/L、0.050 mg/L、0.100 mg/L、0.250 mg/L、0.500 mg/L,按上述质谱条件分离测定,以质量浓度(ρ)和峰面积(A)作线性回归。三聚氰胺检出限(LOD)为0.01 mg/L(S/N=3),按照实验步骤1的方法处理样品,计算样品的定量下限。

4. 精密度与回收率实验

取9份饲料样品(经检测不含三聚氰胺)各5 g,分成3组,每组分别加入相当于0.010 mg/kg、0.100 mg/kg、0.500 mg/kg三聚氰胺的标准溶液,处理后测定。每个样品平行测定3次。

5. 样品测定

对饲料及添加剂类样品进行处理,按实验方法进行检测,计算典型样品中三聚氰胺测定结果。

五、数据处理

(1) 根据系列浓度所得峰面积,计算线性方程、线性相关系数等。

(2) 根据重复进样数据,分析实验的精密度、回收率、重复性等。

(3) 依据样品分析所得的质谱图峰强度,得到样品中待测物质的含量。

六、注意事项

(1) 处理饲料样品时,应注意提取方法的选择。

(2) 在高效液相色谱实验过程中,流动相与样品要充分超声以除去存在汽泡的影响,并过膜以防止污染色谱柱与质谱进样口。

（3）使用质谱仪器时，应严格遵守操作流程。

七、思考与分析

（1）高效液相色谱分离时，如流动相中有汽泡应如何处理？

（2）分析质谱技术定量分析依据的原理。

主要参考资料

[1] 华中师范大学，陕西师范大学，东北师范大学，华南师范大学，北京师范大学，西南大学. 分析化学(第四版). 北京：高等教育出版社，2012.

[2] 华中师范大学，陕西师范大学，东北师范大学，华南师范大学，北京师范大学，西南大学. 分析化学实验(第四版)，北京：高等教育出版社，2012.

[3] 南昌大学. 仪器分析实验. 南昌：江西高校出版社，2003.

[4] 朱明华. 仪器分析(第三版). 北京：高等教育出版社，2000.

[5] 陈宗保，谢建鹰. 亮绿 SF-过氧化氢体系催化动力学光度法测定痕量钒[J]. 岩矿测试，2009(4).

[6] 陈宗保，刘林海，董洪霞. 基于双重增敏剂荧光法测定食品包装材料中痕量双酚 A[J]. 化学研究与应用，2016(6).

[7] 李燕红，陈宗保，董洪霞. 石墨烯-离子液体修饰玻碳电极同时测定矿石中铅和镉[J]. 冶金分析，2017(37).

[8] 万益群，陈宗保. 土壤中多种有机磷及氨基甲酸酯类农药残留量的气相色谱-质谱法测定[J]. 分析科学学报，2006(10).

[9] 周杨，冯群科，朱永林. 高效液相色谱-串联质谱法测定饲料中三聚氰胺[J]. 分析化学，2010(12).

图书在版编目(CIP)数据

仪器分析实验/陈宗保等编著. —上海：复旦大学出版社，2018. 3（2023. 12 重印）
弘教系列教材
ISBN 978-7-309-13552-7

Ⅰ. 仪… Ⅱ. 陈… Ⅲ. 仪器分析-实验-高等师范院校-教材 Ⅳ. O657-33

中国版本图书馆 CIP 数据核字(2018)第 033088 号

仪器分析实验
陈宗保 刘林海 叶 青 洪利明 朱 峰 编著
责任编辑/梁 玲

复旦大学出版社有限公司出版发行
上海市国权路 579 号 邮编：200433
网址：fupnet@ fudanpress. com http://www. fudanpress. com
门市零售：86-21-65102580 团体订购：86-21-65104505
出版部电话：86-21-65642845
上海新艺印刷有限公司

开本 787 毫米×960 毫米 1/16 印张 7. 25 字数 120 千字
2023 年 12 月第 1 版第 3 次印刷

ISBN 978-7-309-13552-7/O · 655
定价：25. 00 元